U0150378

固体壁面液滴运动行为

胡海豹　陈效鹏　黄苏和　李明升　著

科学出版社

北京

内 容 简 介

固体壁面液滴运动行为是近年来的一个热门研究领域,在质子交换膜燃料电池促排水、防结冰、微流控、微反应器等领域具有丰富的理论和工程研究价值。本书结合作者团队十余年的研究成果,不仅深入阐述了典型固体壁面上液滴润湿、撞击、振荡、融合及脱落等行为规律,而且系统揭示了亲水轨道、超疏水/疏水轨道及水膜轨道上液滴导引规律与力学机制,还细致展示了亲水光滑壁面、亲水微沟槽壁面及疏水性壁面上迥异的水滴撞击结冰行为规律。

本书有助于国内同行快速了解典型壁面润湿理论与液滴试验方法,掌握典型固体壁面液滴运动行为与原理,可作为船舶、兵器、航空、交通、能源、电力等领域科研人员和研究生开展类似基础研究和相关工程技术研发的参考书籍。

图书在版编目(CIP)数据

固体壁面液滴运动行为 / 胡海豹等著. —北京:科学出版社,2022.6
ISBN 978-7-03-072539-4

Ⅰ. ①固… Ⅱ. ①胡… Ⅲ. ①液滴-流体流动 Ⅳ. ①O351.2

中国版本图书馆 CIP 数据核字(2021)第 099473 号

责任编辑:赵敬伟 赵 颖 / 责任校对:彭珍珍
责任印制:吴兆东 / 封面设计:无极书装

科 学 出 版 社 出版
北京东黄城根北街 16 号
邮政编码:100717
http://www.sciencep.com

北京中石油彩色印刷有限责任公司 印刷
科学出版社发行 各地新华书店经销

*

2022 年 6 月第 一 版 开本:720×1000 1/16
2023 年 1 月第二次印刷 印张:15
字数:302 000

定价:**128.00 元**
(如有印装质量问题,我社负责调换)

前　言

固体壁面上液滴运动现象属同时涉及气、液、固三相耦合作用的复杂流体运动行为，广泛存在于自然界以及新能源、航空、电力等领域。例如，质子交换膜燃料电池内反应生成水(主要以液态水滴状态存在)不能有效移除，会影响其可靠性和工作性能；飞行器表面水滴撞击结冰，会改变升力部件的气动性能，影响飞行品质和飞行安全；电力系统中塔架和电缆上水滴撞击结冰，会造成因超负荷覆冰而倒塌、断裂。深入研究固体壁面上液滴运动及其动力学机制，能为更好地解决工程中液滴相关技术问题提供理论指导，具有重大研究意义。

近年来，国内外学者已开展了大量固体壁面上液滴行为研究。但截至目前，仍缺少一本全面、系统介绍固体壁面，尤其是复杂固体表面，液滴运动行为机理的学术专著。为此，本书整理了作者近十年在相关科技计划资助下取得的一系列研究成果，并引用部分最新研究成果和研究实例，以方便国内同行快速了解典型壁面润湿理论与液滴试验方法，掌握典型固体壁面液滴运动行为与原理，同时也为相关领域科研人员和研究生开展基础研究和工程研发提供参考。全书共十二章，从液滴在固体壁面典型运动行为入手，深入阐述了典型固体壁面上液滴润湿、撞击、振荡、融合及脱落等行为规律；在此基础上，提出了多种基于润湿异性轨道的液滴导引调控方法，并系统揭示了亲水轨道、超疏水/疏水轨道及水膜轨道上液滴导引规律与力学机制；最后，细致展示了亲水光滑壁面、亲水微沟槽壁面及疏水性壁面上迥异的水滴撞击结冰行为规律。

本书的研究工作得到了国家自然科学基金青年科学基金项目(51109178)、国家自然科学基金面上项目(51679203、51879218、11872315、52071272)，基础前沿项目(JCKY2018*18)，陕西省自然科学基础研究计划项目(2010JQ1009、2016JM1002、2020JC-18)，高等学校博士学科点专项科研基金项目(20116102120009)，深圳市基础研究项目(JCYJ20160510140747996、JCYJ20210322174135001)，中央高校基本科研业务费项目(JC20120218、3102015ZY017、3102018gxc007、3102020HHZY030014)等的资助。作者对各级部门及相关单位的资助表示衷心感谢！

全书由胡海豹主持编著，并负责校核；陈效鹏、黄苏和、李明升参与编著。另外，陈立斌、何强、余思潇、董琪琪、曹刚等参与了部分章节的编撰，任刘珍、张梦卓、程相港、万其文、余俱荣、魏航等也给予了热情的支持和帮助，在此一并表示深深的感谢。限于作者水平，书中难免存在不足之处，恳请读者指正。

作　者

2021 年 12 月

目　　录

第 1 章　润湿现象与液滴动力学理论

1.1　固体壁面液滴运动行为研究意义

液滴作为液体的一种常见呈现状态，广泛存在于自然界和生产、生活中。从大自然中云雨的形成，到工业喷涂、农药喷洒，再到新能源、生物技术、航空航天等高新领域，液滴现象随处可见(图 1.1)。

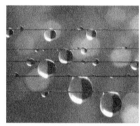  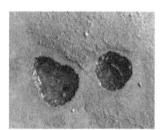

(a) 电线上的雨滴　　　　　(b) 小麦叶面上的水滴　　　　　(c) 屋檐下的水滴坑

图 1.1　自然界的液滴现象

老街区旧房屋檐下的石板路上，随处可见的深浅不一的水坑，让人们见证水滴石穿的同时，也好奇水滴的巨大威力；汽车、飞机行驶在雨中时，迎面而来的雨滴撞击到挡风玻璃后破碎成细小液滴，并形成尾迹很长的水滴迹线，致使驾驶员视线受到影响；酿酒蒸馏时，液滴顺着冷却壁面流入采集瓶中，还会在采集瓶内壁出现神奇的"眼泪"现象[1]；涂料工业中，即使在壁面上存留有微小体积的液滴，也足以破坏工艺设备表面精确镀膜的均匀性；农药喷洒作业中，农药液滴在喷射器内高压空气的作用下排出，散落在植物的瓜果和叶面上，如何实现疏水性叶面上农药液滴的保持和停留也是一项重要农业技术。

在航空航天领域中，当雨滴高速撞击到发动机进气道壁面上时，会形成一道道不规则的水滴迹线，使得高速气流被突然阻挡和压缩，出现复杂的激波系[2]；发汗冷却技术(transpiration cooling)则是模仿生物，通过冷却液从壁面上的微孔中以液滴的形式不断挤出蒸发，来实现热防护的目的。另外，由连续液滴组成的液滴束流技术已被成功应用于喷墨打印、高速细胞分类等领域，且未来在外太空飞行器间浆料、燃料等液体的无管道输送、空间飞行器修复等领域也具有很好的应用前景[3-5]。

近年来，质子交换膜燃料电池(proton exchange membrane fuel cell，PEMFC)技术(图 1.2)发展迅猛，国内外许多研发机构已陆续开发出了验证样机。其中，水管理(water management)问题是 PEMFC 领域亟须解决的关键性科学难题之一[2,5]。当 PEMFC 运行时，内部会不断产生水(其稳定运行温度一般在 80℃左右，该条件下水主要以液态水滴状态存在)，而这些水滴需要在反应气体夹带与吹扫作用下实时移除。当大量水滴在内部发生汇集现象时，就会导致供气通道两端压降增大，出现气流和反应物分布不均匀，从而降低 PEMFC 的工作性能(图 1.2)。另外，大量水滴在电极板上铺展后，还会阻止反应气体与催化剂的接触，出现电极"水淹"现象，甚至导致电池失效。因此，如何及时有效地移除内部不断产生的水滴，并抑制伴随发生的水滴汇集和铺展，是持续对外高性能输出电能的关键，也是阻止 PEMFC 走向商品化的一个富有挑战性的障碍[5]。目前，国内外研究者通过对 PEMFC 内部水滴的产生与分布状态的试验与仿真研究，先后提出了增大反应气体流速、改进流道结构等改善水管理效果的技术策略，但这些方法共同的缺陷就是致使 PEMFC 偏离了最佳工作状态[2-3,5-6]。

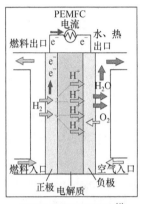

燃料电池内的气液流动[4]

图 1.2 质子交换膜燃料电池中的液滴现象

综上所述，液滴运动涉及人们生产、生活的诸多方面，具有非常重要的科研价值；而固体壁面上液滴运动现象是其中重要的一类。深入探索固体壁面上液滴运动及其动力学机制，不仅能更好地认识自然现象，而且有助于生产、生活中趋利避害，解决好实际工程中的液滴运动问题意义重大。近年来液滴动力学现象和技术吸引了越来越多国内外研究者的关注，在理论和试验方面取得了巨大的进展，但仍有大量问题亟待研究。因此，本书计划针对该研究领域的空缺环节，深入开展固体壁面上液滴的变形、移动、撞击、融合、振荡等研究，探索固体壁面上液滴运动基本规律，并揭示其内在动力学机制。

1.2 界面与表面张力

1.2.1 表面张力和表面自由能

自然界液滴现象的复杂与多变性、工农业生产中液滴控制技术的困难性均源自液滴空气自由面(或称为气液相界面)运动的复杂性。自由面的重要特性之一就是表面张力。

1. 表面现象的微观成因与表面张力

液体表面张力的根源与物质分子的排布形式密不可分。图 1.3 为空气中液相表面现象微观成因。当物质分子处于均质的气相或液相内部时，其受到周围分子作用基本平衡，可以认为其处于一个低"自由能"状态。而当分子处于界面时，由于其两侧分子密度差异较大，因而其受到指向液相内部的合力，此部分分子处于较高的能量状态。由此造成了气液过渡区分子势能的"过剩"(见图 1.3 的阴影区)。界面上的分子数目越多，或者说气液自由面面积越大，整个系统的过剩自由能就越高。受到系统能量最低的约束，自由液体的表面积趋于最小，自由状态下，一定体积的液体呈球形。对于单组分体系，界面一般显现为同一物质密度的迅速变化；而对于多组分体系，则表现为各相的浓度变化。

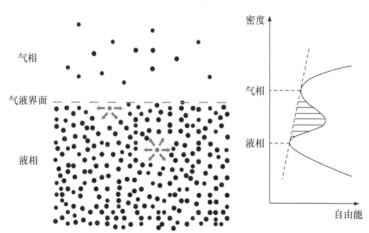

图 1.3　空气中液相表面现象微观成因图

由于界面过剩自由能的存在，当人们试图增加液体的表面积时，通常需要做功。图 1.4 为表面张力测量方法示意图。现有带有一条活动边框的金属线框，金属框架上形成一张肥皂膜。在力 F 作用下，肥皂膜被缓慢拉开，肥皂膜的面积增大。忽略摩擦力等作用时，我们发现

$$F = 2\gamma l = 2\gamma \frac{\mathrm{d}(lx)}{\mathrm{d}x} \tag{1.1}$$

式中 l 是滑动边的长度，因为膜有两个面，所以此处有系数"2"；参数 γ 反映了肥皂膜表面抵抗拉伸的能力，我们定义其为表面张力。式中 $(\gamma \cdot lx)$

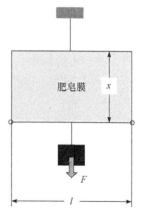

图 1.4　表面张力测量方法示意图

具有能量的量纲，γ 为单位面积界面上的过剩能的含义也就比较明显了，γ 的单位为 $J/m^2 = N/m$。

2. 表面自由能

相对于本体相的分子，表面相的分子具有过剩能，这种势能只有当分子处在表面的时候才有，所以叫作表(界)面自由能，简称表面能。欲使表面能增加，则必须消耗一定数量的功，所消耗的功即等于表面自由能增量。当表面缩小时，同样大小的能量又被释放。

使液体表面积增大的过程是分子克服液相分子吸引力转移到表面的过程。基于公式(1.1)，表面能变化可以更一般地表达为

$$\delta W = \gamma \mathrm{d}A \tag{1.2}$$

吉布斯自由能表示在恒温恒压下系统对外做非体积功的能力。在物质组分不变的情况下，表面能的增加即等于体系吉布斯自由能的变化量：

$$(\mathrm{d}G)_{T,p,n} = \delta W = \gamma \mathrm{d}A \tag{1.3}$$

上式表明，考虑界面分子对于多相体系能量的贡献，除了温度(T)、压力(p)、组分(n)等因素，表面积也是影响体系热力学函数的一个重要变量。

考虑了表面功，热力学势基本公式中应相应增加 $\mathrm{d}A$ 一项，即

$$U = TS - pV + \gamma A + \sum \mu \mathrm{d}n \tag{1.4}$$

$$H = TS + Vp + \sum \mu \mathrm{d}n \tag{1.5}$$

$$F = -ST - pV + \gamma A + \sum \mu \mathrm{d}n \tag{1.6}$$

$$G = -ST + Vp + \gamma A + \sum \mu \mathrm{d}n \tag{1.7}$$

由此可得：$\gamma = \left(\dfrac{\partial U}{\partial A}\right)_{S,V,n} = \left(\dfrac{\partial H}{\partial A}\right)_{S,p,n} = \left(\dfrac{\partial F}{\partial A}\right)_{T,V,n} = \left(\dfrac{\partial G}{\partial A}\right)_{T,p,n}$。这里 U, H, F, G 分别为内能、焓、亥姆霍兹自由能和吉布斯自由能。公式中的 γ 统称为广义的表面自由能，其定义为保持相应的热力学状态量不变时，增加单位表面积条件下，相应热力学势的增量。

前面的叙述适用于两种介质总体表现出互斥作用，或者同种物质分子动能与其内作用力共同影响的情况。将分子自本体相内移动到表面需要做功，可认为在界面区域存在能量势垒；它阻碍本体相内部分子进入表面区内。但是，假如两种分子之间存在强烈的吸引作用，或者分子动能远高于界面过剩能，那么 γ 可能出现负值或者可以忽略不计。这意味着界面可以自发地增大或者界面相被分子热运动所扰乱，此时一相可以完全分散到另一相中，形成一个均匀体系，那么就不再

存在界面了。

1.2.2 影响表面张力的因素

1. 物质种类的影响

由于物质内部的分子间的相互作用类型不同，分子内压力也就不同，导致各种物质的表面张力不同。对纯液体或纯固体，表面张力取决于分子间化学键能的大小。一般而言，化学键能越大，表面张力越大。一般有规律为：$\gamma_{离子键} > \gamma_{金属键} > \gamma_{极性共价键} > \gamma_{非极性共价键}$。各种作用力的键能值见附录表 1。

这些作用力中，化学键作用较强，其引起的表面张力可以达到几百到上千mN/m。附录表 2 给出了金属和一些化合物的表面张力值。

对于一些常见的液体，分子间相互作用主要是范德瓦耳斯作用，其作用力较弱，因此表面张力均不大，多数在十几或几十 mN/m。而一部分液体的分子中存在氢键作用，如水、乙醇等，其表面张力值会比较高些。附录表 3 列出了部分液体的表面张力值。

2. 温度与环境压力的影响

表面张力对温度的依赖关系一般为：温度升高，界面张力下降。一方面，温度上升导致液体内分子热运动加剧，从而弱化了分子间作用力的影响；另一方面，温度上升会使表面层两侧介质的密度差变小，从而使界面上的分子受到的合力的指向性也变弱。两种效应都使表面张力下降。而当温度升高到临界温度 T_c 时，气液两相密度相等，界面消失，$\gamma = 0$。描述表面张力与温度依赖关系的经验公式为

$$\gamma = \gamma_0 \left(1 - T/T_c\right)^n \tag{1.8}$$

图 1.5 表明烷烃表面张力与温度间的变化关系。

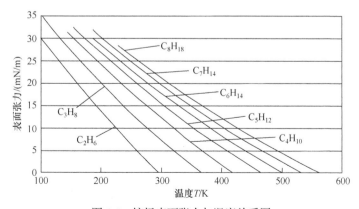

图 1.5 烷烃表面张力与温度关系图

表面张力一般随压力的增加而下降。以气液两相流体为例，因为压力增加，液体被压缩，体积变小，液体分子间距减小，分子间斥力增加，对应的气相密度增加，表面分子受力不均匀性趋于好转。另外，若是气相中有别的物质，则压力增加，促使表面吸附增加，气体溶解度增加，也使表面张力下降。压力与表面张力关系的试验研究不易进行，一般来说，压力对表面张力的影响可以从以下三个方面考虑：

(1) 压力增加，两相密度差减小，γ 减小。

(2) 压力增加，气体在液体表面上的吸附使表面能降低(吸附放热)，因此 γ 减小。

(3) 压力增加，气体在液体中的溶解度增大，表面能降低。

1.3　固液界面润湿现象

1.3.1　接触角和润湿

润湿是固体表面上的气体被液体取代的过程。此过程中，系统中过剩能量的计算不仅需要考虑气液界面，同时需要考虑气固和液固界面。相应的表面张力记为 γ_{ls}(液固界面张力)，γ_{gl}(气液界面张力)和 γ_{gs}(气固界面张力)。在一定的温度和压力下，液体在固壁面上的润湿程度可参考系统总的吉布斯自由能的改变量来判断。润湿过程中吉布斯自由能减少得越多，则越易润湿。按湿润程度的深浅或湿润性能的优劣一般可将湿润分为三类：沾湿、浸湿、铺展状态。

1. 黏附功与铺展系数

在等温等压条件下，单位面积的液面与固体表面黏附时对外所做的最大功称为黏附功，它是液体能否润湿固体的一种量度。黏附功越大，液体越能润湿固体，液固结合得越牢。图 1.6 显示了黏附过程中，液体表面和固体表面消失，单位液固界面生成的情况。对外黏附功就等于这个过程系统吉布斯自由能变化值的负值。

$$W_a = -\Delta G = -\left(\gamma_{ls} - \gamma_{gl} - \gamma_{gs}\right) \tag{1.9}$$

黏附功的大小反映了液体对固体润湿程度的大小。黏附功越大，润湿性越好。与黏附功等价，也可以定义铺展系数：S。若 $S > 0$，说明液体可以在固体表面自动铺展(图 1.7)，反之则不然。

$$S = -\Delta G = -\left(\gamma_{ls} - \gamma_{gl} - \gamma_{gs}\right) \tag{1.10}$$

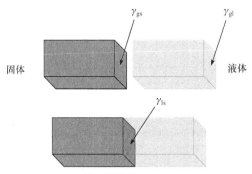

图 1.6 液体在固体上润湿过程示意图

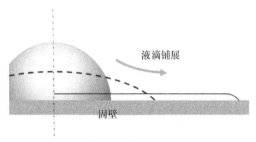

图 1.7 液体在固体表面铺展示意图

进一步引申,将具有单位表面积的固体可逆地浸入液体中(图 1.8)所做的最大功称为浸湿功,它是液体在固体表面取代气体能力的一种量度。在浸湿过程中,消失了单位面积的气固表面,产生了单位面积的液固界面。所以浸湿功等于该变化过程表面自由能变化值的负值。只有浸湿功大于或等于零,液体才能"浸湿"固体。

$$W_i = -\Delta G = -\left(\gamma_{ls} - \gamma_{gs}\right) \tag{1.11}$$

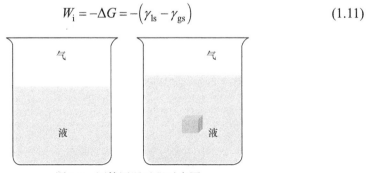

图 1.8 固体浸湿过程示意图

2. 接触角

铺展系数、黏附功等给出了液滴在固壁面上铺展的定性的判断。静止液滴在固壁面上的形态则可以定量地通过气液固三相交界处液面与固壁面的夹角(接触角θ)来表征(图 1.9)。

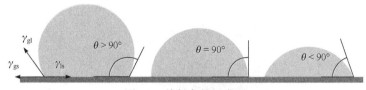

图 1.9　接触角的示意图

若接触角大于 90°，说明液体不能润湿固体，如汞在玻璃表面。若接触角小于 90°，液体能润湿固体，如水在洁净的玻璃表面。接触角的大小可以用试验测量，也可以通过理论推导获得。

图 1.10 表示一个球帽形液滴在固体上不完全润湿而形成接触角θ。如果气液固三相接触线产生一个小的位移δR，使被液体覆盖的固体面积改变$\Delta A = 2\pi R\delta R$；同时接触角从$\theta$变为$\theta - \delta\theta = \theta'$。表面自由能变化为

$$\begin{aligned}\delta G^{s} &= 2\pi RdR\left(\gamma_{ls} - \gamma_{gs}\right) + 2\pi RdR\gamma_{gl}\cos\theta'\\ &= 2\pi RdR\left[\gamma_{ls} - \gamma_{gs} + \gamma_{gl}\cos\left(\theta - \delta\theta\right)\right]\end{aligned} \tag{1.12}$$

平衡时，$\displaystyle\lim_{\delta R,\delta\theta\to 0}\frac{\delta G^{s}}{2\pi R\delta R} = 0$，因此可得

$$\gamma_{ls} - \gamma_{gs} + \gamma_{gl}\cos\theta = 0, \quad \cos\theta = \frac{\gamma_{gs} - \gamma_{ls}}{\gamma_{gl}} \tag{1.13}$$

这就是著名的 Young 方程。Young 方程也可以通过考察接触角附近一个小区域内液体介质的受力平衡获得。由 Young 方程讨论可知：当$\gamma_{gs} < \gamma_{ls}$时，$\cos\theta < 0$，即$\theta > 90°$，属于沾湿过程，不能湿润；当$\theta = 180°$时，完全不润湿，呈球状；当$0 < \gamma_{gs} - \gamma_{ls} < \gamma_{lg}$，即$0 < \cos\theta < 1$时，$0° < \theta < 90°$，为浸湿过程，能够润湿；当$\cos\theta = 1$，$\theta = 0°$时，完全润湿公式，是铺展过程；$\gamma_{gs} - \gamma_{ls} > \gamma_{gl}$，方程不适用。

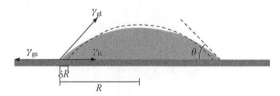

图 1.10　接触角理论预测示意图

将 Young 方程代入黏附功，可得到

$$W_{\mathrm{a}}=\gamma_{\mathrm{lg}}\left(1+\cos\theta\right) \tag{1.14}$$

由于 Young 早在 1805 年就定性描述了接触角的计算方法，1869 年 Dupre 以式(1.14)的形式确立了接触角与黏附功的关系，因此又常称为 Young-Dupre 公式。根据 Young 公式，当 $\theta=0°$ 时，$W_{\mathrm{a}}=2\gamma_{\mathrm{lg}}$，则黏附功等于液体的内聚功，固液分子间吸引力等于液体分子与液体分子的吸引力，因此认为固体被液体完全润湿。当 $\theta=180°$ 时，$W_{\mathrm{a}}=0$，即固液分子间无吸引力，分开固液界面不需做功，此时固体与液体完全不润湿。实际上，固液分子多少总有吸引力，即 θ 在 $0°\sim180°$ 之间。因此接触角越小，则黏附功越大，润湿性能越好。

1.3.2　接触角测定和接触角迟滞

1. 角度测量法

直接观测法是应用最广、最便捷的接触角测量方法。它直接根据固壁附近的界面图像测量出三相交界处液体界面与固体平面的夹角。具体细分有投影法、摄影法、显微量角法、斜板法等。

投影、摄影法和显微量角法都是通过一定的放大手段，把三相接触区域的图像记录在测量平面上(图 1.9)，用量角的方式直接读出接触角数据，或通过带有角度刻度、叉丝的显微镜观察液面，直接获得角度度数。

Adam 和 Jessop 提出的斜板法是更精确测量接触角的一种方法(图 1.11)。他们将一个宽几厘米的固体平板插入液体中，然后调节平板倾斜角度，直至平板(一侧)的液面完全平直地与固体表面接触，此时固体表面与液面之间的夹角即为接触角。

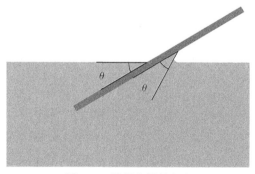

图 1.11　接触角测量方法

2. 长度测量法——垂片法(插板法)

Neumann 根据 Wilhelmy 吊板法发展出一种能将接触角测量精度进一步提高

(至 0.1°)的方法。部分浸没的板上，受接触角、界面张力和重力的联合作用，液体通常会在壁面形成弯月面(图 1.12)。此时弯月面曲率引起的压力分布与重力相平衡，故弯月面达到的高度 h、接触角 θ，以及静水压 ρg 之间满足下述关系：

$$\sin\theta = 1 - \frac{\rho g h^2}{2\gamma} = 1 - (h/a)^2 \tag{1.15}$$

其中 a 是毛细常数，公式中 $\rho g h^2 / \gamma$ 也称为 Bond 数，它是表征重力与界面张力大小关系的无量纲数。通常情况下弯月面的末端相当分明(除非 θ 非常小)，利用显微镜可较为精确地测定 h，由此可以获得接触角 θ。此法也适用于研究接触角温度依赖性。

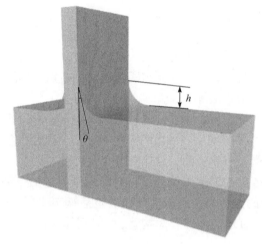

图 1.12　垂片法测量接触角

3. 接触角迟滞

前面的论述围绕静止气液界面或者液滴在固壁面上的形态特点展开。在实际问题中，不可避免地会涉及气液固三相接触区域生成过程。人们发现对于同样的液体和固壁，在"干"表面上推进接触线，或者在"湿"表面上拉回接触线，可以获得不同的接触角角度。在学术上，定义液固界面取代固气界面后形成的接触角为前进接触角(θ_a)，简称前进角；以固气界面取代固液界面后形成的接触角叫后退接触角(θ_r)，简称后退角。如水滴在斜玻璃板上滑落，前缘表现为前进接触角，后缘为后退接触角。不难想象，前进接触角将大于后退角。图 1.13 中，若注射液体到液滴中使液滴增大，此时的接触是前进角 θ_a；注射器抽吸过程所形成的接触角为后退角 θ_r。对于一般金属表面，水的前进角约100°，而后退角只有 40°或更小。

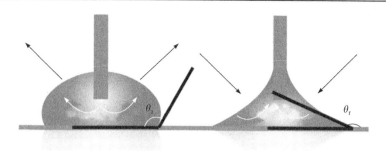

图 1.13　前进角与后退角

　　前进角与后退角不等的现象称为接触角滞后。引起接触角滞后的原因目前尚没有完全统一；但基本上认为它是如下几个因素共同造成的：①润湿过程的不平衡状态；②固体表面的粗糙性；③不均匀性。

1.4　液滴撞击平板过程

1.4.1　液滴撞击平板过程现象描述

　　液滴撞击平板过程看似简单，实则复杂。不同液滴大小、撞击速度以及不同平板表面特性，液滴会表现为平稳铺展、溅射、喷射和反弹等行为。从力学机理上区分，液滴撞击平板过程受惯性、黏性和毛细平衡控制[7]。特别地，当液滴撞击超疏水壁面时，液滴收缩可能产生部分反弹、完全反弹，甚至产生奇异的射流[8,9](图 1.7)。对于包含微米尺度结构的固体表面，液滴在撞击–铺展后期，其收缩的状态也受液体是穿透微结构(Wenzel 态)还是仅沿微结构上表面移动(Cassie-Baxter 态)[9-11]的影响；软基底(如弹性薄膜[12]、纤维[13])上液滴的反弹和喷射现象也表现出独有的特征。

　　液滴撞击固体壁面的一个重要参数是最大铺展直径，并可以通过最大铺展直径($D_{\max}$)和初始直径(D_0)比值，即铺展系数：

$$b_{\max} = D_{\max} / D_0 \tag{1.16}$$

来表征。

　　最大铺展直径和撞击参数的关系可以通过惯性、黏性和毛细量的平衡来构建[14-24]。在考虑不同的物理因素的前提下，人们获得了多种标度率关系。在此，可以定义液滴撞击速度 V_0，液体密度 ρ 和黏性 μ；则有表征撞击条件的无量纲参数 $We = \rho D_0 V_0^2 / \gamma$ (韦伯数)和 $Re = \rho D_0 V_0 / \mu$ (雷诺数)，它们分别给出了液滴动能与表面张力、液滴动能与黏性耗散的大小关系。研究表明，当黏性作用较大时，液滴在撞击平板过程中主要反映为动能的耗散关系,这决定了液滴的最大铺展程度。

一般有 $(b_{max}-1) \sim Re^{1/5}$ 或 $b_{max} \sim Re^{1/5}$ 的关系。忽略黏性耗散,液滴撞击过程中主要发生了液滴动能向表面能的转换(黏性耗散起修正作用)。此时有 $b_{max} \sim We^{1/2}$ 关系。Clanet 等[19]根据液滴厚度可比拟毛细长度,提出了 $b_{max} \sim We^{1/4}$ 的标度律,其与疏水基底材料的试验吻合良好,也经常被用于试验数据描述。表 1.1 给出了几种更复杂的液滴撞击平板最大铺展系数的估算公式。

表 1.1　部分最大铺展模型

估算公式	最大铺展关系式	备注
Scheller 和 Bousfield[42]	$b_{max} \sim 0.61 Re^{1/5} \left(We Re^{-2/5} \right)^{1/6}$	基于试验的半经验公式
Pasandideh-Fard 等[15]	$b_{max} = \sqrt{\dfrac{We+12}{3(1-\cos\theta_a)+4We/\sqrt{Re}}}$	能量平衡,包括接触角和初始状态
Ukiwe 和 Kwok[21]	$(We+12)b_{max} = 8 + b_{max}^3 \left[3(1-\cos\theta_a) + 4\dfrac{We}{\sqrt{Re}} \right]$	能量平衡的拓展,考虑完整的圆柱形表面
Clanet 等[19]	$b_{max} \sim We^{1/4}$	体积守恒
Roisman[22]	$b_{max} \sim 0.87 Re^{1/5} - 0.4 Re^{2/5} We^{-1/2}$	考虑黏性边界层效应
Eggers 等[24]	$b_{max} \sim Re^{1/5} f \left(We Re^{-2/5} \right)$	构造惯性和黏性机制的通用函数

值得一提的是,在常见参数范围内,最大铺展直径不会呈现跨越数量级式的大变化,各标度律区间难以仅通过一个参数去区分。

1.4.2　液滴最大铺展半径评估

考虑如下情况:液滴在撞击平板前具有速度 V_0,液滴直径 D_0,撞击之后液滴在达到最大铺展半径时为薄圆柱形。那么可以对其撞击前后的能量构成建立数学关系:

$$E_{K0} + E_{S0} = E_K + E_S + W \tag{1.17}$$

其中,下标 K 表示动能,S 表示界面能,0 表示撞击前瞬间的状态;W 表示撞击过程中的黏性耗散。可以根据液滴几何特征得到撞击前液滴能量:

$$E_{K0} = \frac{\pi}{12} \rho V_0^2 D_0^3, \quad E_{S0} = \pi D_0^2 \gamma$$

以及撞击后的表面能(假设液滴到最大铺展时,动能为零):

$$E_S = \frac{\pi}{4} D_{max}^2 \gamma (1-\cos\theta_a)$$

式中，黏性耗散可以估算为

$$W = \int_0^{t_c} \int_\Omega \Phi \mathrm{d}\Omega \mathrm{d}t \approx \Phi \Omega t_c \tag{1.18}$$

$$\Phi \approx \mu \left(\frac{\partial v_i}{\partial x_j} + \frac{\partial v_j}{\partial x_i} \right) \frac{\partial v_i}{\partial x_j} \approx \mu \left(\frac{V_0}{h} \right)^2 \tag{1.19}$$

$$\Omega \approx \frac{\pi}{4} D_{\max}^2 h = \frac{\pi}{6} D_0^3 \tag{1.20}$$

其中，Φ 为耗散函数，Ω 为整个液滴体积，t_c 为铺展时间。达到最大铺展状态时，液滴为圆饼状，其高度为 h。进一步假设液滴从撞击到最大铺展时间近似为

$$t_c \approx \frac{D_0}{V_0} \tag{1.21}$$

那么

$$W \approx \frac{\pi}{4} \mu \left(\frac{V_0}{h} \right) D_0 D_{\max}^2 \tag{1.22}$$

联立方程(1.17)~(1.22)，根据撞击前后能量守恒和体积守恒，获得最大铺展的描述方程：

$$\frac{3}{2} \frac{We}{Re} b_{\max}^4 + (1 - \cos\theta_a) b_{\max}^2 - \left(\frac{We}{3} + 4 \right) = 0 \tag{1.23}$$

Pasandideh-Fard 等[15]进一步假设黏性耗散主要发生在边界层内，将液滴撞击流动类比为平面驻点流(图 1.14)。利用边界层厚度 δ 估算公式，$\delta = 2\dfrac{D_0}{\sqrt{Re}}$，更新黏性耗散作用中各项：

$$\Omega = \frac{\pi D_{\max}^2 \delta}{4} \tag{1.24}$$

$$\Phi \approx \mu \left(\frac{\partial v_i}{\partial x_j} + \frac{\partial v_j}{\partial x_i} \right) \frac{\partial v_i}{\partial x_j} \approx \mu \left(\frac{V_0}{\delta} \right)^2 \tag{1.25}$$

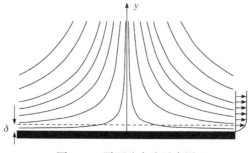

图 1.14　平面驻点流示意图

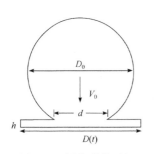

图 1.15　圆柱碟状近似

考察铺展中液滴的变形(图 1.15),球冠形液滴流入薄膜和薄膜增长的体积相等:

$$\pi\left(\frac{d}{2}\right)^2 V_0 = \frac{1}{2}\pi D(t) h \frac{\mathrm{d}D}{\mathrm{d}t} \tag{1.26}$$

结合撞击前后能量守恒:

$$\frac{4}{3}\pi\left(\frac{D_0}{2}\right)^3 = \pi\left(\frac{D_{\max}}{2}\right)^2 h \tag{1.27}$$

d 在 $0 \sim D_0$ 间变化,假设 $d \sim D_0/2$,结合方程(1.26)和(1.27)可得

$$\frac{\mathrm{d}D(t)}{\mathrm{d}t} = \frac{3}{16}V_0 \frac{D_{\max}^2}{D_0}\frac{1}{D} \tag{1.28}$$

积分得 $\dfrac{D}{D_{\max}} = \sqrt{\dfrac{3}{8}t^*}$。当液滴铺展至最大直径($D = D_{\max}$)时, $t^* = \dfrac{V_0 t_\mathrm{c}}{D_0} = \dfrac{8}{3}$,即

$$t_\mathrm{c} = \frac{8D_0}{3V_0} \tag{1.29}$$

综上,联立方程(1.18)、(1.24)、(1.25)、(1.29),黏性耗散估算为

$$W = \frac{\pi}{3}\rho V_0^2 D_0 D_{\max}^2 \frac{1}{\sqrt{Re}} \tag{1.30}$$

根据撞击前后能量守恒($E_{K0} + E_{S0} = E_S + W$),获得最大铺展系数的评估:

$$b_{\max} = \sqrt{\frac{We+12}{3\left(1-\cos\theta_\mathrm{a}\right)+4\left(\dfrac{We}{\sqrt{Re}}\right)}} \tag{1.31}$$

在 $26 < We < 641$, $213 < Re < 35339$ 下,这公式预测与发表文献中的试验结果匹配较好,大多数情况下误差小于 15%。

1.4.3　液滴撞击平板过程中的其他现象

在大气压条件下,液滴垂直撞击壁面过程总是在中心处夹入小气泡(图 1.16(a),(b))。下落中,液滴不断排开空气,直至接触壁面。当液滴靠近壁面时,稀薄气体层的润滑压力由于气体黏性而变得很强,足以将液滴底部变形为酒窝形,液滴与壁面的接触从点变成环形,并伴随薄盘状的气体夹入。在表面能最小化趋势下,薄盘状的气体在壁面上迅速收缩成中心气泡。这种气泡在一些液滴试验和喷墨液滴中观察到,但没有清楚地解释气泡的形成过程。Thoroddsen 等[26]采用高速相机直接观察初始的薄盘状气体和收缩过程。通过测量气泡的体积,估算出初始薄盘状气体的平均

厚度范围为 $2\sim5\,\mu m$。收缩过程可通过毛细-惯性动态机制建模。假设气体接触半径减小时，空气薄盘厚度均匀增加，可得出薄盘的接触半径随时间演化的关系，结果与试验测量相吻合。实际上，收缩中气体边缘更厚些，薄盘状气体厚度并不均匀，这在 X 射线图像中清晰可见[27]。Liu 等[28]在此基础上进一步改进了薄盘接触半径的表达式，修正了收缩率。

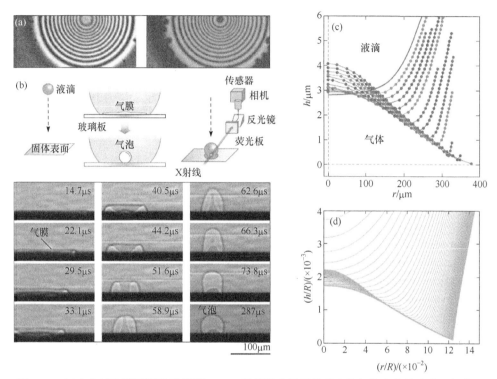

图 1.16 (a)中心气泡干涉图样示例[28]；(b)X 射线技术捕捉的薄盘状气体和收缩成中心气泡过程，以及二次微小液滴在气泡中形成[27]；(c)薄盘状气体收缩过程形状演化[35]；(d)数值模拟的薄盘气体演化[36]

最近的一些研究，采用高速干涉法直接测量薄盘状的厚度。干涉条纹准确反映了气体厚度的变化[28-30]，分辨率为明暗条纹间距($\lambda/4$），大约为150nm (图 1.16(c))。此外，更精确的双色技术[31]和白光干涉法[32]被应用到薄盘状气体厚度的测量。其中，双色技术能达到亚条纹的分辨率，大约为30nm [33]。这些技术主要应用于低速撞击，特别是动态反弹的研究[34]。进一步，采用 $50\,\mu s$ 的拍摄时间，干涉法可以达到5Mfps[①]的速度，研究高速撞击下的气泡随时间演化过程[35]。

---

① 1ftps=1ft/s=3.048×10[−1]m/s。

除了以上介绍的气泡形成和最大铺展，有关液滴高速撞击产生的溅射[25,37,38]，以及溅射液膜的指状发展[39-41]现象等，也获得了大量的关注。鉴于本书关注重点，在此不再赘述。①

参 考 文 献

[1] Johnson R E, Dettre R H. Contact angle hysteresis. III. Study of an idealized heterogeneous surface[J]. J. Phys. Chem., 1964, 68 (7): 1744-1750.

[2] Worthington A M. A Study of Splashes [M]. London: Longmans, Green, 1908:129.

[3] 庄占兴, 路福绥, 刘月, 等. 表面活性剂在农药中的应用研究进展[J]. 农药, 2008, 47(7): 469-475.

[4] Wilhelm B, Ehler N. Raster-Elektronenmikroskopie der Epidermis-Oberflächen von Spermatophyten. Tropische und subtropische Pflanzenwelt [J]. Akad. Wiss. Lit. Mainz., 1977, 19: 110.

[5] 袁会珠, 齐淑华. 药液在作物叶片的流失点和最大稳定持留量研究 [J]. 农药学学报, 2000, 2(4) :66-71.

[6] Dong H, Carr W W, Bucknall D G. Temporally-resolved inkjet drop impaction on surfaces[J]. AIChE J., 2007, 53: 2606-2615.

[7] Bartolo D, Josserand C, Bonn D. Retraction dynamics of aqueous drops upon impact on nonwetting surfaces [J]. J. Fluid Mech., 2005, 545: 329-338.

[8] Renardy Y, Popinet S, Duchemin L, et al. Pyramidal and toroidal water drops after impact on a solid surface [J]. J. Fluid Mech., 2003, 484: 69-83.

[9] Bartolo D, Josserand C, Bonn D. Singular jets and bubbles in drop impact [J]. Phys. Rev. Lett., 2006, 96: 124501.

[10] Kwon D, Huh H, Lee S. Wetting state and maximum spreading factor of microdroplets impacting on superhydrophobic textured surfaces with anisotropic arrays of pillars[J]. Exp. Fluids, 2013, 54: 1576.

[11] Maitra T, Tiwari M K, Antonin C, et al. On the nanoengineering of superhydrophobic and impalement resistant surface textures below the freezing temperature [J]. Nano Lett., 2014, 14: 172-182.

[12] Antkowiak A, Audoly B, Josserand C, et al. Instant fabrication and selection of folded structures using drop impact [J]. PNAS, 2011, 108(26): 10400.

[13] Piroird K, Clanet C, Lorenceau E, et al. Drops impacting inclined fibers [J]. J. Colloid Interface Sci., 2009, 334: 70-74.

[14] Chandra S, Avedisian C T. On the collision of a droplet with a solid surface [J]. Proc. R. Soc. A, 1991, 432: 13-41.

[15] Pasandideh-Fard M, Qiao Y M, Chandra S, et al. Capillary effects during droplet impact on a solid surface[J]. Phys Fluids, 1996, 8: 650-659.

---

① 本书第一章编辑过程中参考王中平等老师的《表面物理化学》一书[43]，特此致谢。

[16] Range K, Feuillebois F. Influence of surface roughness on liquid drop impact[J]. J. Colloid Interface Sci., 1998, 203: 16-30.

[17] Rioboo R, Marengo M, Tropea C. Time evolution of liquid drop impact onto solid, dry surfaces [J]. Exp. Fluids, 2002, 33: 112-124.

[18] Roisman I V, Rioboo R, Tropea C. Normal impact of a liquid drop on a dry surface: model for spreading and receding [J]. Proc. R. Soc A, 2002, 458: 1411-1430.

[19] Clanet C, B´eguin C, Richard D, et al. Maximal deformation of an impacting drop[J]. J. Fluid Mech., 2004, 517: 199-208.

[20] Fedorchenko A I, Wang A B, Wang Y H. Effect of capillary and viscous forces on spreading of a liquid drop impinging on a solid surface[J]. Phys Fluids, 2005, 17: 093104.

[21] Ukiwe C, Kwok D. On the maximum spreading diameter of impacting droplets on well-prepared solid surfaces[J]. Langmuir, 2005, 21: 666-673.

[22] Roisman I V, Berberovi´c E, Tropea C. Inertia dominated drop collisions. I. On the universal flow in the lamella [J]. Phys Fluids, 2009, 21: 052103.

[23] Vadillo D, Soucemarianadin A, Delattre C, et al. Dynamic contact angle effects onto the maximum drop impact spreading on solid surfaces[J]. Phys Fluids, 2009, 21: 122002.

[24] Eggers J, Fontelos M, Josserand C, et al. Drop dynamics after impact on a solid wall: theory and simulations[J]. Phys Fluids, 2010, 22: 062101.

[25] Xu L, Zhang W W, Nagel S R. Drop splashing on a dry smooth surface [J]. Phys Rev Lett, 2005, 94: 184505.

[26] Thoroddsen S T, Etoh T G, Takehara K, et al. The air bubble entrapped under a drop impacting on a solid surface [J]. J. Fluid Mech, 2005, 545: 203-212.

[27] Lee J S, Weon B M, Je J H, et al. How does an air film evolve into a bubble during drop impact [J]? Phys. Rev. Lett. , 2012, 109: 204501.

[28] Liu Y, Tan P, Xu L. Compressible air entrapment in high-speed drop impacts on solid surfaces [J]. J. Fluid Mech, 2013, 716: R9.

[29] Driscoll M M, Stevens C S, Nagel S R. Thin film formation during splashing of viscous liquids [J]. Phys. Rev. E, 2010, 83: 036302.

[30] Driscoll M M, Nagel S R. Ultrafast interference imaging of air in splashing dynamics[J]. Phys. Rev. Lett., 2011, 107:154502.

[31] de Ruiter J, Oh J M, van den Ende D, et al. Dynamics of collapse of air films in drop impact [J]. Phys. Rev. Lett., 2012, 108: 074505.

[32] van der Veen R C A, Tran T, Lohse D, et al. Direct measurements of air layer profiles under impacting droplets using high-speed color interferometry[J]. Phys. Rev. E, 2012, 85: 026315.

[33] de Ruiter J, van den Ende D, Mugele F. Air cushioning in droplet impact. II: Experimental characterization of the air film evolution [J]. Phys. Fluids, 2015, 27: 012105.

[34] de Ruiter J, Lagraauw R, van den Ende D, et al. Wettability-independent bouncing on flat surfaces mediated by thin air films [J]. Nat. Phys., 2015, 11: 48-53.

[35] Li E Q, Thoroddsen S T. Time-resolved imaging of compressible air-disc under a drop impacting a solid surface[J]. J. Fluid Mech, 2015, 780: 636-648.

[36] Duchemin L, Josserand C. Curvature singularity and film-skating during drop impact[J]. Phys. Fluids, 2011, 23: 091701.

[37] Xu L, Barcos L, Nagel S R. Splashing of liquids: interplay of surface roughness with surrounding gas [J].Phys. Rev. Lett., 2007, 76: 066311.

[38] Thoroddsen S T, Takehara K, Etoh T G. Micro-splashing by drop impacts[J]. J. Fluid Mech., 2012, 706: 560-570.

[39] Roisman I V, Horvat K, Tropea C. Spray impact: rim transverse instability initiating fingering and splash and description of a secondary spray[J]. Phys. Fluids, 2006, 18: 102104.

[40] Agbaglah G, Josserand C, Zaleski S. Longitudinal instability of a liquid rim[J]. Phys. Fluids, 2013, 25: 022103.

[41] Stevens C S. Scaling of the splash threshold for low-viscosity fluids[J]. Eur. Phys. Lett., 2014, 106: 24001.

[42] Scheller B L, Bousfield D W. Newtomian drop impact with asoild-syrface[J]. Aiche Journa Journal, 1995, 41(6): 1357-1367.

[43] 玉中平, 孙振平, 金明. 表面物理化学[M]. 上海: 国际大学出版社, 2005: 8-16, 57-63.

第2章　疏水沟槽壁面液滴静润湿特性

2.1　引　　言

基于前人的研究，壁面结构和表面能共同作用导致壁面润湿性的改变，壁面的润湿性对液滴的运动行为会产生明显的影响，因此，由于壁面结构和表面能改变而导致的壁面沟槽结构对固液接触特性有显著影响，但是系列化条形沟槽尺寸对静润湿的影响规律仍缺乏详细深入的研究。本章基于不同尺寸系列的沟槽，通过开展液滴撞击具有系列化疏水沟槽的固壁表面试验，得到了系列化条形疏水沟槽壁面上液滴静润湿行为规律。通过与光滑壁面上液滴静润湿状态的对比分析，分别得到壁面疏水沟槽对静润湿状态的影响，表面能对静湿润状态的影响和该影响机理，结构对固液接触特性有显著影响，这阶段的研究为规则微沟槽壁面撞击特性研究奠定了基础。

2.2　试　验　方　法

2.2.1　规则沟槽壁面制备方法

不同尺寸沟槽壁面的制备采用类 LIGA(LIGA-like)技术。LIGA 是德文 Lithoraphie(LI，光刻)，Galvanoformung(G，电铸)和 Abformung(A，注塑)三个词的缩写，由德国卡尔斯鲁厄(Karlsruhe)核研究中心在 20 世纪 80 年代开发出来[1]。由于 X 射线的强穿透能力，用 X 射线既可以获得毫米量级深度的曝光，又能保证微米量级的横向尺度的分辨率。用 LIGA 法可以实现传统精密机械加工所无法制作的微小金属或塑料构件的制备，所以该技术自开发以来迅速成为制作微机电系统元件的一种重要的加工技术。目前，德国、美国、日本以及我国都开展了在该技术领域的研究。综合考虑加工成本、加工难度和前期的工作基础，本节在壁面的沟槽加工上采用类 LIGA 技术。

类 LIGA 方法，即将紫外线作为曝光光源以代替原有的 X 射线，其原理与 LIGA 法类似，见图 2.1，将感光胶均匀涂敷在样板表面，通过紫外线曝光、显影，得到所要的加工图案。该工艺可能无法制得如 LIGA 法那样的毫米级深度，分辨率也不及 LIGA 法高，但类 LIGA 法成本较低，易在实验室及普通工厂实现样品的制备。对于精度要求不是太高的样品，类 LIGA 法完全可以代替其成为首选。

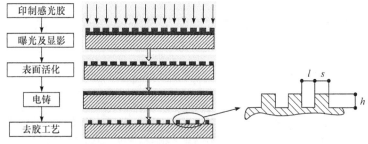

图 2.1 类 LIGA 成型技术工艺原理

试件的加工，即在光滑的黄铜壁面上加工出不同尺寸的沟槽结构，如图 2.2 所示，其中 l 为凸起宽度，s 为槽宽，h 为槽的深度。

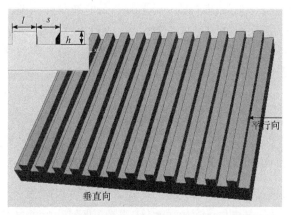

图 2.2 加工试件示意图。嵌入图：试件正视图

试件加工尺寸如表 2.1 所示。

表 2.1 系列试件尺寸与编号

系列 1 维持凹槽宽度 $s=0.5$mm 不变，改变凸起宽度									
试件编号	5-1	5-2	5-3	5-4	5-5	5-6	5-7	5-8	5-9	5-10
凸起宽度 l/mm	0.02	0.04	0.06	0.08	0.1	0.2	0.4	0.6	0.8	1
凹槽宽度 s/mm	0.5	0.5	0.5	0.5	0.5	0.5	0.5	0.5	0.5	0.5
系列 2 维持凸起宽度 $l=0.3$mm 不变，改变凹槽宽度									
试件编号	3-1		3-2		3-3		3-4		3-5	
凸起宽度 l/mm	0.3		0.3		0.3		0.3		0.3	
凹槽宽度 s/mm	0.1		0.2		0.3		0.4		0.4	

					续表
系列 3　维持凹槽宽度 s=0.3mm 不变，改变凸起宽度					
试件编号	1-3	2-3	3-3	4-3	5-3
凸起宽度 l/mm	0.1	0.2	0.3	0.4	0.5
凹槽宽度 s/mm	0.3	0.3	0.3	0.3	0.3

试件实物图如图 2.3 所示。

图 2.3　部分亲水沟槽试件实物图

2.2.2　疏水沟槽壁面制备方法

　　根据表面润湿性的相关理论，制备疏水性壁面的方法可以分为两类：一种是在具有低表面能属性的壁面上加工出微纳二级结构，另外一种是在壁面上加工粗糙的微纳二级结构，然后使用低表面能材料进行修饰。基于这两类制备技术延伸出多种制备方法，如蚀刻方法、平板印刷方法、溶胶-凝胶方法、层层自组装技术、胶质装配、电化学沉积等方法。这些方法目前发展得都比较成熟。基于不破坏已加工的沟槽结构的前提下，以及对表面润湿性的稳定性的考虑，本节采用自组装方法，在加工好的沟槽试件壁面自组装一层低表面能薄膜。

　　表面涂层的覆盖是采用含有多巴胺基团和芘基团的聚合物，并通过共聚物分子结构的设计实现不同的功能。仿生多巴胺及其衍生物用于材料表面修饰的研究引起了科学家广泛的兴趣。含有多巴胺锚固基团的小分子或聚合物自组装到材料表面可以改变表面的润湿性、生物相容性等多种性能。而含多巴胺结构的全氟聚合物以多巴胺为锚固基团，能够在金属及其氧化物(钛、铜、铝、氧化铝、二氧化钛)、聚合物(聚酰亚胺、聚苯乙烯、聚甲基丙烯酸甲酯)、硅、云母等多种工程材料表面组装，经该聚合物修饰的表面表现出很好的疏水性。本节采用兰州物理化学研究所研发的制备方法。该方法通过自有基聚合的方法，设计了一种通用 ATRP 双锚固基团大分子引发剂，从而引发原子转移自由基聚合制备聚合物。

大分子引发剂中多重锚固基团的协同作用，使固体表面的聚合物在基底表面具有很好的结合稳定性。

详细的试验试剂与材料为含芘结构的单体(PBMA)、含 ATRP 引发剂(羟基引发剂)单体(BIEM)、多巴胺共聚物、大分子引发剂 Poly(DOPAMA-PBMA-BIEM)和含氟多巴胺聚合物 p(DMA-co-PFMA)。

具有沟槽结构的黄铜壁面分别在乙醇和丙酮中超声洗涤 3 次，然后用氧气等离子体处理 2min 以去除表面的污染物。将清洗后的固体表面浸泡到 2mg/mL 的大分子引发剂溶液中(溶剂为 DMF(N,N-二甲基甲酰胺))，室温避光 24h 后，取出基底并用大量 DMF 和乙醇冲洗以除去表面物理吸附的聚合物，然后用氮气流吹干用于下一步的表面引发聚合。其余平面基底表面多巴胺聚合物的组装过程与此类似，p(DMA-co-PFMA)所用溶剂为三氟三氯乙烷。分别取适量 GO(氧化石墨烯)悬浮液和 CNTs(碳纳米管)粉末加入 1mg/mL 大分子引发剂溶液中，在室温避光下搅拌 24h 后，离心分离，并分别用 DMF 和乙醇离心洗涤 2 次以除去物理吸附的引发剂。具体合成方法请参考文献[1]。经过以上步骤，可以获得稳定的疏水性沟槽壁面，见图 2.4。

图 2.4　部分疏水试件实物图

2.3　疏水沟槽壁面液滴静润湿行为规律

2.3.1　壁面沟槽对静润湿状态的影响

基于前人的研究，已经证明沟槽结构对固液接触特性有显著影响，但是系列化沟槽尺寸对静润湿的影响规律仍缺乏详细深入的研究。本节基于不同尺寸系列的沟槽，通过与光滑壁面上液滴静润湿状态的对比分析，对三个系列沟槽结构对静润湿状态(即接触角)的影响开展系列化的研究。接触角测量是在液滴体积为 15μL、恒温 20℃下进行的。光滑壁面上液滴的前进角如图 2.5 所示。由图可以看出，该光滑壁面为亲水性壁面，且液滴的前进角为 103.2°。

(a) 亲水壁面液滴前进角 θ_a=87.5°　　　　　　　(b) 亲水壁面液滴前进角 θ_a=103.2°

图 2.5　光滑亲水壁面上液滴静润湿状态(液滴体积 15μL)

　　而具有沟槽结构的亲水性壁面由于具有润湿各向异性，在垂直向和平行向两个方向上接触角的数值都具有很大差异。三个系列中部分沟槽壁面上液滴接触角如图 2.6 所示。

(a1) 5-2c,θ_a=144.5°　　(b1) 5-2p,θ_a=105.9°　　(c1) 5-5c,θ_a=143.5°　　(d1) 5-5p,θ_a=115.9°

(e1) 5-9c,θ_a=144.5°　　(f1) 5-9p,θ_a=105.9°

系列 1 不同试件上两个方向上接触角

(a2) 3-2c,θ_a=168.6°　　(b2) 3-2p,θ_a=107.8°　　(c2) 3-4c, θ_a=144.7°　　(d2) 3-4p,θ_a=103.9°

系列 2 不同试件上两个方向上接触角

(a3) 2-3c,θ_a=152.7°　　(b3) 2-3p,θ_a=101.3°　　(c3) 5-3c, θ_a=138.8°　　(d3) 5-3p, θ_a=106.6°

系列 3 不同试件上两个方向上接触角

图 2.6　三个系列中部分沟槽壁面上液滴的接触角(c 代表垂直向，p 代表平行向)

　　由图 2.6 可见，沟槽结构的存在会导致垂直向和平行向上接触角发生改变，并且会大于试件的本征接触角。具体变化规律曲线如图 2.7 所示。

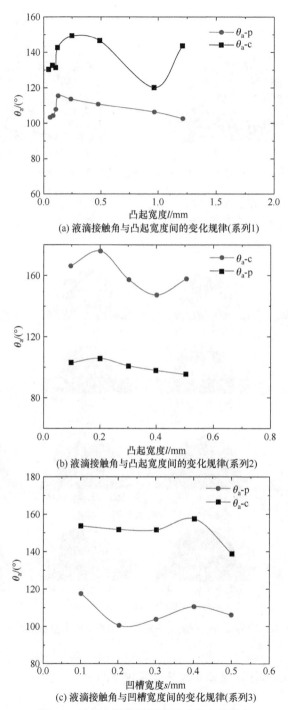

(a) 液滴接触角与凸起宽度间的变化规律(系列1)

(b) 液滴接触角与凸起宽度间的变化规律(系列2)

(c) 液滴接触角与凹槽宽度间的变化规律(系列3)

图 2.7　接触角随沟槽结构尺寸的变化规律

结合图 2.5～图 2.7，可以发现：

(1) 沟槽结构的存在会对壁面上液滴静润湿产生影响，并造成垂直向和平行向上的润湿各向异性；

(2) 在所研究的尺寸(凸起和凹槽)范围内，沟槽结构会导致该类基底材料试件两个方向上的液滴接触角都增大，且可以达到疏水状态，而在影响程度上，垂直向上接触角数值会大于平行向上接触角数值，最大差值可达 60.8°；

(3) 垂直向和平行向的接触角随沟槽尺寸的变化而发生改变，但并不是呈线性规律，而是如图 2.7 所示的波动曲线规律，所以沟槽尺寸(包括凸起宽度和凹槽宽度)的增加并不会导致接触角的变化。

2.3.2　表面能对静润湿状态的影响

根据疏水壁面制备原理，微结构和低表面能是影响壁面疏水性的两个因素。据 2.2.1 节中研究结果，发现在同种材质基底的前提下(可以认为表面能不变)，宏观沟槽结构可以改变壁面润湿性。本节通过 2.2.1 节中所述制备方法，对系列 1 中的沟槽壁面进行疏水化处理并进行静润湿测试。通过对比同一系列沟槽壁面疏水化前后的静润湿状态，研究表面能对润湿性的影响。

根据上述方法得到疏水化处理的试件的接触角和接触角随凸起宽度变化规律分别如图 2.8 和图 2.9 所示。

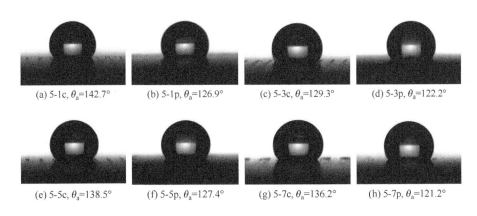

(a) 5-1c, θ_a=142.7°　　(b) 5-1p, θ_a=126.9°　　(c) 5-3c, θ_a=129.3°　　(d) 5-3p, θ_a=122.2°

(e) 5-5c, θ_a=138.5°　　(f) 5-5p, θ_a=127.4°　　(g) 5-7c, θ_a=136.2°　　(h) 5-7p, θ_a=121.2°

图 2.8　系列 1 不同试件上两个方向上接触角

对比图 2.5、图 2.6 和图 2.8 可以发现，低表面能覆盖物质同样可以改变沟槽壁面的润湿性。而结合图 2.6(a)与图 2.8 所示的数值变化规律可以发现，低表面能物质的存在可以提高平行向(图 2.9 中 θ_a-p 所示曲线)上液滴的接触角。同时本节对该系列试件疏水化前后液滴的静润湿状态进行了对比，对比图如图 2.10 所示。

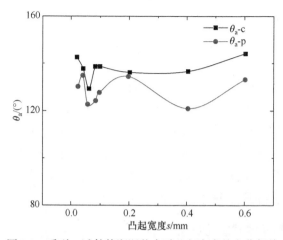

图 2.9　系列 1 试件静润湿状态随凸起宽度的变化规律

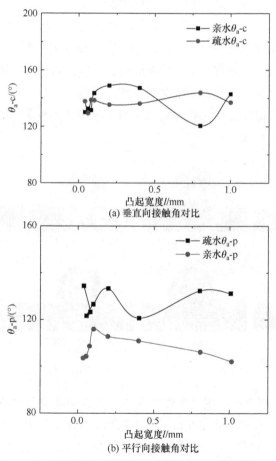

图 2.10　疏水化处理前后系列 1 试件两个方向上接触角对比

由上述图，可以获得如下的结论：

(1) 低表面能物质同样可以改变垂直向和平行向上液滴的接触角，而两个方向上接触角与凹槽宽度之间均不是线性关系，呈波动曲线关系；

(2) 疏水化前后，垂直向接触角均大于平行向接触角，而经过疏水化处理，会提高平行向上接触角的数值(均大于 120°)，并缩小平行向与垂直向上接触角间差值；

(3) 疏水化处理导致接触角数值的变化，不是单纯地增加或减少，而是呈现一个新的规律；

(4) 疏水化处理会缩小两个方向上接触角最大值与最小值之间的差值，垂直向上由 28.3°减小至 16.9°，平行向上由 13.7°减小至 11.5°。

2.3.3　影响机理分析

由上述的试验发现，垂直向液滴的接触线总处于凸起结构的外边缘位置，如图 2.11(a)所示。在 Chen 等[2]、Kannan 等[3]的研究中，同样发现了这种现象。因此，在该垂直向上液滴接触角的增大被认为与结构边界产生的自由能垒和液滴的接触滞后性有关。

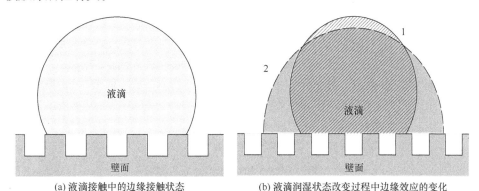

(a) 液滴接触中的边缘接触状态　　　　　(b) 液滴润湿状态改变过程中边缘效应的变化

图 2.11　沟槽结构上液滴接触模式

在热力学中认为，液滴在壁面上达到平衡稳定态时吉布斯自由能最小；而当其处于亚稳态时，液滴具有局部最小自由能。在液滴进行前进或后退运动并重新达到一个稳定状态的过程中，其与壁面的接触线发生位移，液滴从一个稳态/亚稳态到达新的稳态/亚稳态。其中，相邻亚稳态自由能之间的能量差值，称为自由能垒[4]。如图 2.11(b)所示，液滴由 1 状态(实线)变为 2 状态(虚线)时，两种状态自由能间的能量差值称为自由能垒，记为 ΔG。

接触角测量试验中，液滴从测试装置的平头针头产生，与测试试件接触，依靠试件表面对其的黏附作用将其从针头吸落，在壁面上铺展并最终达到稳定状态。

在从接触到稳定的过程中，可以认为液滴没有初速度(即液滴无初始动能)；而根据计算式(2.1)(其中ρ、g、r分别代表液滴密度、重力加速度和液滴半径)对该工况下液滴的 Bond 数进行计算，可以得到 B_o=0.31，由于 B_o<1，该工况下液滴的重力可以忽略不计，即液滴无初始的重力势能。

$$B_o = \frac{\rho g r^3}{\sigma} \tag{2.1}$$

因此，在无初始动能和重力势能的前提下，液滴在试件表面上达到稳定的本质过程是：液滴在表面能的单独作用下向外铺展、耗散能量并达到稳定的过程。

将图 2.11(b)中两种状态下液滴的稳态自由能用 G_1 和 G_2 表示。从能量角度上，当铺展过程中的液滴到达 1 状态所示位置时，如果液滴具有的能量 G 满足 $G<G_2+\Delta G$ 时，液滴可以于该状态下稳定；而当此时液滴具有能量满足 $G>G_2+\Delta G$ 时，液滴不能稳定地存在于 1 状态，而是继续铺展达到 2 状态所示位置。并依次类推，直至稳定。

在 2.3.1 节研究中，由于壁面结构尺寸的变化，液滴在铺展过程中耗散的能量不完全一样，同时液滴稳定时受结构边界限制所具有的自由能也有所差别，导致液滴的润湿状态产生差异，且接触角大小与沟槽尺寸间不呈现线性规律。根据光滑理想壁面上液滴静润湿状态，如图 2.12 所示，固液、气液和固气表面张力的方向是确定的，根据三个表面张力可以获得接触角的计算公式(Young 方程，式(2.2))。而条纹沟槽壁面上，液滴在如图 2.8 所示垂直方向上的润湿状态时，属于宏观 Wenzel 状态，其三个表面张力如图 2.12 所示。其中固液表面张力 γ_{sl} 和气液表面张力 γ 的方向是确定的，但是由于液滴的右边界位于凸起结构的边界，考虑到接触点的奇异性，固气表面张力 γ_{sg} 的方向呈不定状态。这里假设固气表面张力 γ_{sg} 与壁面的夹角为 β，其范围为(0°,90°)。

(a) 垂直向液滴表面张力方向　　(b) 平行向液滴接触模式俯视图　　(c) 单个沟槽内表面张力方向

图 2.12　沟壁面液滴接触角的示意图

$$\cos\theta = \frac{\gamma_{sg} - \gamma_{sl}}{\gamma_{sg}} \tag{2.2}$$

根据图 2.12 及上述定义，沟槽壁面垂直向上的液滴接触角计算公式可以由式(2.2)变形而得，如下：

$$\cos\theta = \left(\gamma_{sg}\cos\beta - \gamma_{sl}\right)/\gamma \tag{2.3}$$

夹角 β 的存在，导致公式中分子的绝对值减小，$\cos\theta$ 的值减小，在一定尺寸范围内导致接触角 θ 增大，达到疏水或超疏水状态。

由于垂直向上边界的限制，自由铺展过程中的液滴在该方向上的铺展受到边界的阻碍而不能继续向外铺展；而遵循能量最低原理，液滴在平行向上会继续沿沟槽方向铺展，经过能量损耗以达到整体能量最低。因此，液滴在平行沟槽方向上的铺展程度增加，并在壁面上呈椭球形，见图 2.12(b)。根据凹槽结构存在侧面和底面且液滴与壁面的接触模式为 Wenzel 模式[5]，液滴不仅与底面接触，同时与凹槽侧面也接触。任意一个沟槽内固液表面张力和固气表面张力的数量与方向如图 2.12(c)所示。凹槽侧壁面的存在，致使该方向上产生了额外的两个固液表面张力。以上接触模式导致平行向上液滴与壁面的固液接触面积增大而固气接触面积基本保持不变，增大了凹槽处壁面对液滴的限制作用，并最终体现在平行向上液滴接触角的增大。该理论在前人的文章[6-9]中同样进行了阐述。而根据试验结果和图 2.4，平行向上接触角的数值普遍小于垂直向上液滴的接触角，由此可以得知，平行向上接触面积增加对接触角的影响要小于垂直向上能垒对液滴接触角的影响。

上文对两个方向上结构对液滴接触角的影响进行了简要解释，但实际上作为一个系统，两个方向上的作用不是独立的，而是相辅相成，共同作用影响液滴的静润湿状态。

2.4 本 章 小 结

本章基于类 LIGA 制备方法，结合化学自生长方法，分别制备出了具有相同尺寸而润湿性不同的亲/疏水沟槽壁面，并通过试验测量与数值模拟仿真，对疏水沟槽壁面上液滴的静润湿行为进行了系统的研究。测试并获得了不同沟槽尺寸系列亲/疏水壁面上接触角的变化规律曲线，从接触角滞后、能垒等角度分析了沟槽结构和表面能对接触角的影响与机理。

参 考 文 献

[1] Wang X, Ye Q, Liu J, et al. Low surface energy from self-assembly of perfluoropolymer with sticky functional groups[J]. Journal of Colloid and Interface Science, 2010, 351(1): 261-266.

[2] Chen Y, He B, Lee J, et al. Anisotropy in the wetting of rough surfaces[J]. Journal of Colloid and

　　　　Interface Science, 2005, 281: 458-464.

[3] Kannan R, Sivakumar D. Drop impact process on a hydrophobic grooved surface[J]. Colloids and Surfaces A: Physicochem. Eng. Aspects, 2008, 317: 694-704.

[4] Song D, Song B, Hu H, et al.Contact angle and impinging process of droplets on partially grooved hydrophobic surfaces[J]. Applied Thermal Engineering, 2015, 85: 356-364.

[5] Yarin A L. Drop impact dynamics: splashing, spreading, receding, bouncing[J]. Annual Review of Fluid Mechanics, 2006, 38: 159-192.

[6] Pasandideh-Fard M, Qiao Y M, Chandra S, et al. Capillary effects during droplet impact on a solid surface[J]. Phys. Fluid, 1996, 8(3): 650-659.

[7] Alain M, Philippe B. Impact of drops on non-wetting biomimetic surfaces[J]. Journal of Biomic Engineerin, 2009, 6: 330-334.

[8] Denis B, Christophe J, Daniel B. Retraction dynamics of aqueous drops upon impact on non-wetting surfaces[J]. J. Fluid Mech, 2005, 545: 329-338.

[9] Bertrand E, Blake T D, Ledauphin V, et al. Dynamics of dewetting at the nanoscale using molecular dynamics[J]. Langmuir, 2007, 23(7): 3774-3785.

第3章　规则微沟槽面液滴撞击特性研究

3.1　引　　言

本章以规则微沟槽表面作为试件，基于高速相机和液滴发生装置搭建了试验观测平台，通过开展液滴以不同 *We* 撞击具有不同沟槽的固壁表面试验，捕捉到了液滴撞击不同微沟槽表面的物理过程，从试验观测和理论分析两方面来开展规则微沟槽表面的液滴运动行为研究，进而总结了不同 *We* 下液滴的铺展和回缩特性、最大铺展直径以及伴随指状物的尺寸和数量规律。最后，利用规则微沟槽表面的润湿特性，建立了规则微沟槽表面液滴最大铺展直径的数学模型，该模型预测与试验结果的吻合性良好。

3.2　试　验　方　法

3.2.1　试验系统

图 3.1 为本章液滴撞击试验系统示意图，包括输出电源和液滴发生器，二者共同

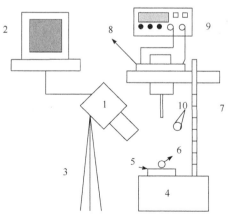

图 3.1　液滴撞击试验系统示意图

1—高速摄像机；2—计算机；3—三脚架；4—载物台；5—试验板；
6—液滴；7—导轨支架；8—液滴发生器；9—输出电源；10—光源

工作产生体积恒定的液滴；右边的导轨支架可实现液滴发生器的上下调节，进而实现不同速度的液滴撞击试验；左边的高速摄像机与计算机连接，用于拍摄；作为试验试件的规则微沟槽表面置于液滴发生器的正下方。本试验中采用了高速摄像机，其最高采集频率为3000fps，撞击试验中设置采集频率为1000fps。试验图像存储在计算机的硬盘中，后期再进行处理。试验用水为蒸馏水，试验温度为20℃，液滴直径为3.0mm。该温度下，水的密度 $\rho = 998\text{kg/m}^3$，黏性系数 $\mu = 1.002 \times 10^{-3}\text{Pa} \cdot \text{s}$，表面张力 $\sigma = 0.07275\text{N/m}$。

3.2.2 液滴发生器

液滴发生器剖面图如图3.2所示，采用有机玻璃制成，由贮液腔、振源、锥形变幅杆体和小孔板等部分组成。将发生器底部做成锥形，利用变幅杆原理，将振源产生的机械振动经锥形变幅杆放大后传递于小孔板，使小孔板处能产生较大幅度的机械振动。考虑到共振原理，γ 是声波在有机玻璃中的传播波长，当发生器长度等于 $\gamma/2$ 时，发生器腔体的机械振动将和振源发生共振，而小孔板所处的位置恰是振动的波峰位置，因此，共振时，小孔板将产生最大的机械振动。支撑盘位于约 $\gamma/4$ 时，正好是振动的波节位置，因此支撑盘处的机械振动最小或接近为0。发生器长度约为25cm，共振频率约为11000Hz，位于发生器最下端的小孔板用螺栓与发生器紧密连接。可以制造各种不同孔径的小孔板，根据试验需要，改变射流直径，产生不同直径的连续均匀液滴。拆换和装配小孔板非常方便。

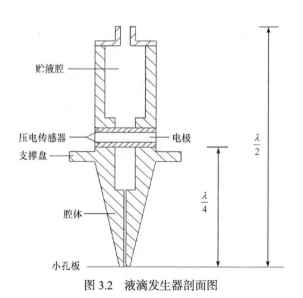

图3.2 液滴发生器剖面图

连续均匀液滴发生器的工作是以瑞利原理[1]为基础的，当有一静态压力加于发生器内的液体时，只要压力大于小孔处液体的表面张力，发生器内的液体将从小孔喷出而形成射流液柱，射流液柱的流速由下式决定：

$$\Delta P = P_1 - P_2 = \frac{32\mu l v}{a^2} \tag{3.1}$$

其中，P_1 和 P_2 是小孔两端的压强；a 是射流直径；v 是射流速度；μ 是液体的运动黏性系数；l 是小孔深度。

当振源发生机械振动时，机械振动传递于发生器有机玻璃体并经变幅杆放大后传递于小孔板。小孔板机械振动产生的干扰波则直接作用于射流液柱上。根据瑞利原理，射流液柱在表面张力的作用下是不稳定的，它很容易发生崩解而变成液滴。若加于射流液柱上的干扰波长 λ_m 满足 $\lambda_m > \pi a$ 时，射流液柱将崩解为连续均匀液滴流，若 $\lambda_m = 4.508a$ 时，射流液柱具有最大的不稳定性和最快的崩解速度，这是崩解的最佳条件。干扰波的波长 λ_m 由加于振源频率 f 和射流速度 v 决定：

$$\lambda_m = v/f \tag{3.2}$$

射流后崩解产生的连续均匀的液滴直径由下式决定：

$$D = \left(\frac{3}{2}a^2\lambda_m\right)^{\frac{1}{3}} \tag{3.3}$$

液滴质量

$$M = \frac{\pi}{b}D^3\rho \tag{3.4}$$

其中，ρ 为液滴密度。

根据本试验需要，最终设计出了图 3.2 的液滴发生器，产生的液体直径恒定为 3mm，电源的频率为 100Hz。

3.2.3 规则微沟槽表面

在第 1 章中介绍了有关表面条纹减阻的国内外研究现状及其制备工艺，指出了目前各表面条纹制备工艺中存在的问题，并综合考虑原有制备工艺加工难度大、成本高、不易推广等问题。由于试验所使用的平板对于精度要求不是太高，类LIGA 法完全可以代替其成为首选，因此，本试验采用类 LIGA 法制备规则微沟槽表面，其原理示意图见第 2 章中图 2.1。

根据试验设计，欲在光滑铜板表面制作具有平行状、辐射状、圆环状等三类规则微沟槽，沟槽尺寸为：槽深 $h = 0.2mm$，槽宽 $l = 0.2mm$ 和槽间距 $s = 0.2mm$。制备出的试件见图 3.3。

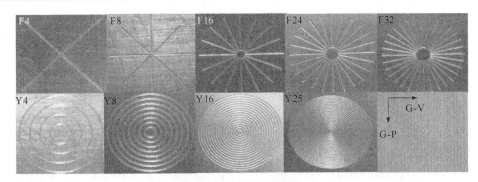

图 3.3　规则微沟槽表面

3.2.4　试验流程

试验时，液滴发生装置产生的液滴，以一定的速度撞击在试件上，而液滴的撞击速度则通过改变液滴滴落高度实现。为避免空气摩擦对速度理论估算精度的影响，液滴撞击速度计算采用基于图像的测试方法，取液滴撞击壁面前 1ms 内的平均速度为液滴的撞击速度。本章研究了 1.33m/s、1.83m/s、2.33m/s、2.67m/s 及 3.17m/s 等五种撞击速度下液滴的铺展特性，所对应的 $We(We = \rho U_0^2 D_0 / \sigma$，其中 U_0、D_0 分别表示液滴撞击时初始速度和直径) 分别为 72.8、137.8、223.4、293.4 和 413.6。

为方便统计，将微沟槽试件编号如下：辐射状沟槽板按辐射槽数量 4、8、16、24、32 对应编号为 F4、F8、F16、F24、F32，同心环沟槽板按同心环数量 4、8、16、25 对应编号为 Y4、Y8、Y16、Y25，平行沟槽板编号为 G，其平行沟槽方向编号为 G-P，垂直沟槽方向编号为 G-V，而光滑铜板表面编号为 S(见图 3.3)。

3.3　液滴铺展过程及状态

3.3.1　液滴铺展过程

为了考察不同形状的规则微沟槽对液滴铺展特性的影响，试验过程中保持液滴的体积不变，测量得到液滴铺展前的直径为 3mm。图 3.4 所示为部分规则微沟槽表面液滴铺展过程的典型照片。

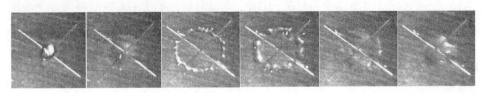

F4

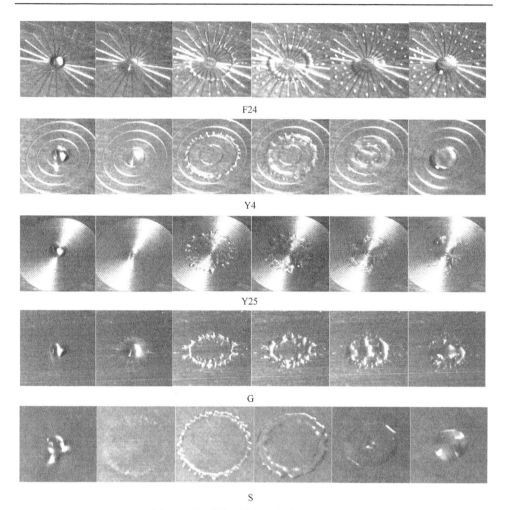

图 3.4　规则微沟槽表面液滴的铺展过程

从拍摄到的液滴在不同形状沟槽表面的铺展图片中可以看到，沟槽的形状对液滴的铺展过程产生重要的影响。在辐射状沟槽表面，液滴的铺展过程受到沟槽的引导，在沟槽之间形成明显的小型液滴；在圆环状沟槽表面，液滴的铺展过程受到沟槽的抑制；在平行沟槽表面，液滴在平行沟槽方向更容易铺展，因此形成了椭圆状的铺展面。图 3.5 所示为不同微沟槽板上液滴铺展系数随时间的变化规律，其中，铺展系数 $b = D_C / D_0$，D_C 代表液滴铺展过程的直径，D_0 为撞击前液滴的直径。

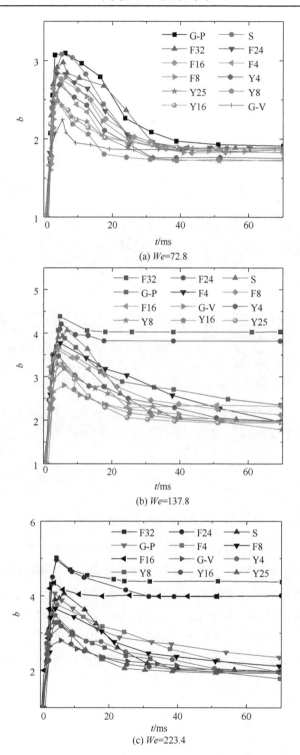

(a) *We*=72.8

(b) *We*=137.8

(c) *We*=223.4

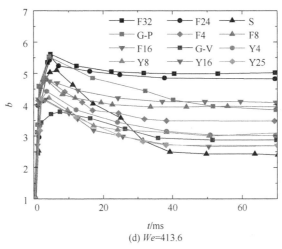

(d) We=413.6

图 3.5 不同 We 下液滴铺展系数变化曲线

分析液滴铺展过程可以发现，液滴撞击在平行沟槽板、辐射状沟槽板以及同心环沟槽板上与其撞击在光板上一样，会发生铺展及回缩现象。但由于微沟槽分布形式的不同，不同微沟槽板上液滴铺展范围、形状以及溅射情况存在差异。不同分布微沟槽对液滴铺展的具体影响规律如下：

(1) 在较低速时(We=72.8)，辐射状和圆环状微沟槽均对液滴的铺展运动存在一定的抑制作用；平行分布沟槽则造成平行沟槽方向上液滴铺展加快，而垂直沟槽方向上液滴铺展明显减慢，致使液滴铺展呈椭圆形。推测该现象是由于低速铺展中部分水渗入凹坑内，增大了铺展的黏性阻力，导致铺展直径小于光板。

(2) 随撞击速度的增大(We= 137.8，223.4，413.6)，微沟槽对铺展的影响越来越明显。辐射状微沟槽有利于铺展，且辐射分支越多，越有利于铺展；而圆环状微沟槽抑制铺展，且圆环数越多，越不利于铺展。推测该现象原因可能在于，液滴高速铺展过程中，辐射状沟槽起到类似导轨的作用，引导水分子团更快地向外铺展形成指状物，甚至出现部分水分子团沿辐射状沟槽方向高速向外飞溅小液滴；而圆环状沟槽类似于凹坑状障碍物，增大了铺展的黏性阻力，抑制了液体铺展。

(3) 在较低速时(We=72.8)，不同表面上液滴回缩的最终状态基本一致。推测该现象原因在于，低速撞击时液滴铺展范围小，液滴铺展过程中储存的表面能足够使水分子团回缩至最低能量状态，即液滴最终回缩形状尺寸相同(图 3.6(a))。

(4) 当撞击速度增大时(We= 137.8，223.4，413.6)，辐射状表面的液滴回缩现象越来越弱，圆环状表面则始终有回缩过程，而平行沟槽表面上则展现出沿沟槽方向回缩弱，垂直沟槽方向上回缩强的特点。分析其原因在于，当液滴铺展至某临界尺寸后，液滴内部表面因向外拉扯作用产生凹陷，致使表面张力不再具备束缚/拉回水分子团的作用，甚至产生将液滴分成多个的分裂作用(图 3.6(b))。因此，在液滴铺展很强的方向，会产生回缩弱或无回缩现象。

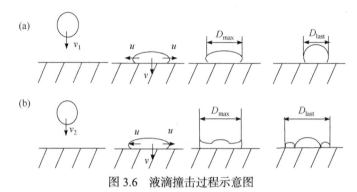

图 3.6　液滴撞击过程示意图

3.3.2　液滴最大铺展状态

液滴的最大铺展直径是衡量液滴铺展特性的重要参数，这里采用最大铺展系数来研究不同微结构表面对于液滴最大铺展状态的影响。图 3.7 所示为不同 We 数下液滴在规则微沟槽壁面上的最大铺展状态照片，图 3.8 则为最大铺展系数随 We 数的变化曲线。

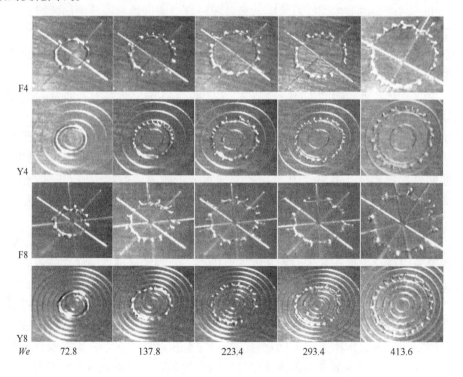

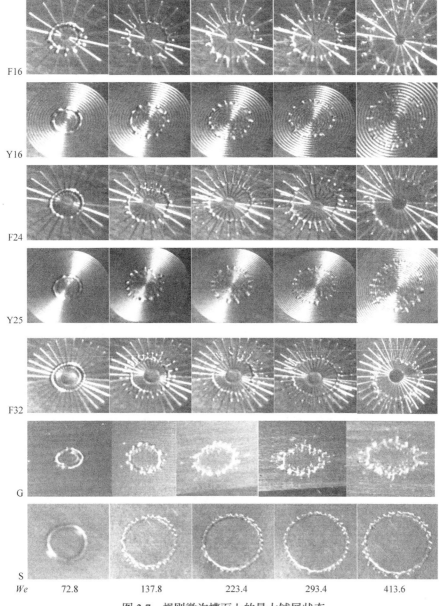

图 3.7　规则微沟槽面上的最大铺展状态

　　分析图 3.7 和图 3.8 可以发现：与光板表面一样，规则微沟槽表面液滴的最大
铺展直径随撞击 We 数增大而扩大，且部分微沟槽表面上液滴最大铺展直径超过
光板表面，如 F24 和 F32 表面，以及 G 表面平行沟槽方向上。但相同 We 数下，
不同微沟槽表面液滴最大铺展直径却不同。在辐射状沟槽板上，辐射分支越多则

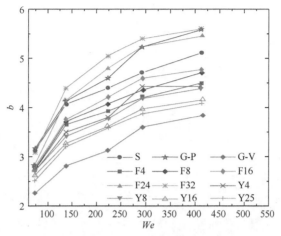

图 3.8　最大铺展系数随 *We* 数的变化曲线

最大铺展直径越大；在同心环沟槽板上，圆环数量越多则最大铺展直径越小；而在平行沟槽板上，液滴的最大铺展面则呈现平行沟槽方向长于垂直沟槽方向的近似椭圆形。另外，在低 *We* 数下(*We*=72.8)，微沟槽板表面液滴最大铺展直径均小于光板表面。由此进一步说明，低速撞击时，微沟槽均抑制液滴铺展；随着撞击速度的增大，平行铺展方向的沟槽利于铺展，并诱使指状物沿其方向快速伸展；垂直铺展方向的沟槽抑制铺展。

3.3.3 伴随指状物

当液滴撞击固体表面时，在液膜边缘会产生一些不稳定的类似于指头状的流体，称之为指状物。分析图 3.7 和图 3.4 可以发现，液滴在不同形状的微沟槽表面所形成的指状物的形状和数量都具有明显的区别。为对比微沟槽对液滴伴随指状物的影响规律，本节对最大铺展状态时液滴伴随指状物进行了统计。图 3.9 为指状物数量随 *We* 数的变化曲线，而图 3.10 为指状物长度随 *We* 数的变化曲线，其中 *N* 代表指状物个数。

从指状物数量方面来看，在低 *We* 数下(*We*=72.8)，仅有辐射状沟槽板表面产生明显指状物，而随着撞击速度的增大，各表面均会产生指状物，且光板表面指状物数量最多；辐射状沟槽板上指状物数量与辐射沟槽数相等，且指状物基本分布于沟槽附近；环状沟槽板上产生的指状物数量相近，但均小于光板表面，说明环状沟槽的密集程度对指状物的形成数量影响较小。另外，还发现当撞击速度较大时，沿辐射沟槽方向的指状物会产生溅射现象，且溅射出的小液滴远超出辐射沟槽所覆盖的范围，同时伴随在沟槽之间产生新的指状物结构(图 3.7)。

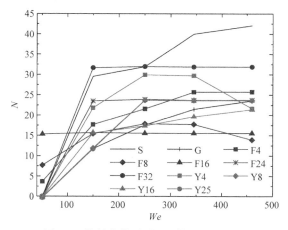

图 3.9　指状物数量随 We 数的变化曲线

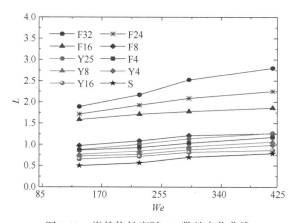

图 3.10　指状物长度随 We 数的变化曲线

从指状物长度尺寸来看，不同表面上指状物长度均随撞击速度增大而持续增长，且辐射状沟槽板上指状物长于环状沟槽板，光板上指状物最短；辐射状沟槽板上指状物长度随沟槽数量的增加而显著增长，环状沟槽上指状物长度也随沟槽数量的增加而略微增长；同时辐射状沟槽板上指状物细长，而环状沟槽上指状物相对短粗。由此可见，平行铺展方向的沟槽可诱使指状物沿其方向快速伸展，垂直铺展方向的沟槽仅能略微促进指状物伸展。

3.4　液滴最大铺展直径理论分析

3.4.1　沟槽表面的润湿性与微观形貌效应

在通常情况下，润湿性是通过测量液体在固体表面上的接触角来衡量的。接触角是固、液、气界面间表面张力平衡的结果，张力平衡时体系总能量趋于最小，液滴在固体表面上处于稳定状态[2]。表面接触角大则表示该表面是疏润性的，接触角小则为亲润性的，其黏附能大于液体的内聚能。

光滑且均匀的固体表面(理想表面)上的液滴，其三相线上的接触角与各表面张力之间的函数关系由 Young 方程给出：

$$\cos\theta_e = \frac{\gamma_{sg} - \gamma_{sl}}{\gamma_{lg}} \tag{3.5}$$

式中，γ_{sg}、γ_{sl}、γ_{lg} 分别为固气界面、固液界面、液气界面的表面张力。此时的接触角 θ_e 称为材料的本征接触角，如图 3.11 所示。

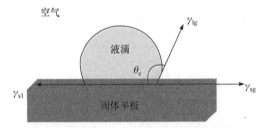

图 3.11　固体表面上液滴的接触角示意图

当液滴置于粗糙表面时，表面微观形貌的存在将导致液滴在固体表面上的真实接触角无法测定。试验所测得的只是其表观接触角，而表观接触角与界面张力不符合 Young 方程[3]。Wenzel 和 Cassie 从热力学的角度分别对 Young 方程进行了修正，得到了 Wenzel 模型和 Cassie 模型，如图 3.12 所示。

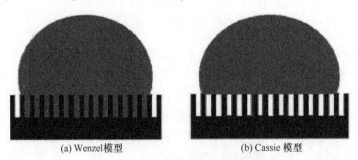

(a) Wenzel 模型　　　　　　　　(b) Cassie 模型

图 3.12　液滴在粗糙表面上的模型

(1) Wenzel 模型。Wenzel[4]在研究中发现表面的粗糙结构可增强其润湿性，使表观接触角 θ_r 与本征接触角 θ_e 存在一定的差值。他认为这是由于粗糙表面上固液实际接触面积大于表观接触面积的缘故，并假设液滴完全进入到表面粗糙结构的空腔中，见图 3.12(a)。当液滴的接触线移动一个微小距离 dx 时，整个体系表面能的变化 dE 可表示为

$$dE = r\left(\gamma_{sl} - \gamma_{sg}\right)dx + \gamma_{lg}dx\cos\theta_r \tag{3.6}$$

式中，r 为表面粗糙系数，其值等于粗糙表面面积(即液固接触面积)与粗糙表面水平面内几何投影面积之比。在平衡状态时表面能应最小，进而可以得到 Wenzel 方程：

$$\cos\theta_r = r\left(\gamma_{sg} - \gamma_{sl}\right)/\gamma_{lg} = r\cos\theta_e \tag{3.7}$$

对于粗糙表面而言，r 总是大于 1。方程(3.7)揭示了粗糙表面的表观接触角 θ_r 与本征接触角 θ_e 之间的关系：若 $\theta_e < 90°$，则 $\theta_r < \theta_e$，即表面的亲水性随表面粗糙程度的增加而增强；若 $\theta_e > 90°$，则 $\theta_r > \theta_e$，即表面的疏水性随表面粗糙程度的增加而增强。

(2) Cassie 模型。Cassie[5]在研究了大量自然界中疏水表面后提出了复合接触的概念。他认为当表面疏水性较强时液滴并不能填满粗糙结构上的空腔，而在液珠下将有截留的空气存在，表观上的液固接触面实际上是由固体和气体共同组成，因此，液滴在粗糙表面上的接触是一种复合接触，见图 3.12(b)。从热力学角度考虑有

$$dE = f_s\left(\gamma_{sl} - \gamma_{sg}\right)dx + (1 - f_s)\gamma_{lg}dx + \gamma_{lg}dx\cos\theta_r \tag{3.8}$$

平衡时可得 Cassie 方程：

$$\cos\theta_r = f_s\left(\gamma_{sg} - \gamma_{sl}\right)/\gamma_{lg} + f_s - 1 = f_s\left(1 + \cos\theta_e\right) - 1 \tag{3.9}$$

式中，f_s 定义为表面面积系数，其值为液固接触面积与粗糙表面水平面内几何投影面积之比。

作者对于试验中涉及的平行沟槽表面的润湿特性进行了研究[6]。结果发现，在平行于沟槽方向和垂直于沟槽方向的表面润湿特性存在各向异性：在平行于沟槽方向和垂直于沟槽方向观测到的静态接触角差距较大，见图 3.13。此外，当视角平行于沟槽方向观测时，发现液体明显进入沟槽内部(图 3.13(a))，因此本节将以 Wenzel 模型作为理论基础，从理论上分析沟槽表面的最大铺展直径。

(a) 平行于沟槽方向观测的接触角　　　　　　　　　(b) 垂直于沟槽方向观测的接触角

图 3.13　液滴在沟槽表面的润湿特性

3.4.2 液滴撞击后最大铺展直径的理论预测

　　液滴撞击固体壁面后的最大铺展直径是研究者重点关注的参数之一，该参数决定了液滴铺展在相关工程领域如喷淋冷却、喷墨打印、农药喷洒及 PEMFC 内部液滴分布形式的最终结果。目前对于最大铺展直径的研究方法区分为两种：一种是从纯粹的流体动力学角度分析整个撞击过程，结合液滴撞击过程的特征给出相应的 N-S(Navier-Stokes)方程及质量守恒方程，并考虑了毛细力及动态接触角等因素的影响，但理论求解过程进行了大量简化及假设，研究的理论结果一般仅能够对液滴撞击过程中间段的形态变化给出较为合理的解释[7-10]；另外一种处理方法是单纯的能量守恒，即假定初始撞击液滴的能量等于液滴铺展到最大直径时的能量，包含有最大铺展直径的关系式可以从中导出。本节将以撞击过程中能量守恒为理论基础，结合沟槽表面的独特润湿特性给出液滴在沟槽表面最大铺展直径预测的理论模型。

　　液滴在撞击前的动能为

$$E_{k1} = \left(\frac{1}{2} \rho U_0^2 \right) \left(\frac{\pi}{6} D_0^3 \right) \tag{3.10}$$

其中，U_0、D_0 分别表示撞击液滴的初始速度及液滴直径。

　　撞击前表面能为

$$E_{s1} = \pi D_0^2 \sigma_{lg} \tag{3.11}$$

其中，σ_{lg} 为液气界面的表面张力。假设液滴达到最大铺展直径时整个液膜的形状为圆柱形，撞击后表面能可以表示为

$$E_c = \pi \sigma_{lg} D_{max} h + \frac{\pi}{4} \sigma_{lg} D_{max}^2 \tag{3.12}$$

其中，D_{max} 为液滴的最大铺展直径，h 则为液膜的厚度。圆柱体底面由固液代替固气的界面表面能：

$$E_b = \frac{\pi}{4} D_{max}^2 \left(\sigma_{sl} - \sigma_{sg} \right) \tag{3.13}$$

其中，σ_{sg}、σ_{sl} 分别为固气界面、固液界面的表面张力。在前人的一些研究中[7-10]，由于考虑的是理想光滑表面，他们采用了 Young 方程对式(3.13)进行了简化：

$$E_b = \frac{\pi}{4} D_{max}^2 \sigma_{lg} \left(1 - \cos\theta \right) \tag{3.14}$$

其中，θ 为固体表面的表观接触角。但是本章的试验液滴很明显在沟槽表面是一种 Wenzel 润湿状态，因此基于 Young 方程的推导过程在这里已不再适用。为此，结合 Wenzel 方程对式(3.13)进行了简化：

$$E_b = \frac{\pi}{4} D_{max}^2 \sigma_{lg} \left(1 - \frac{\cos\theta}{r}\right) \tag{3.15}$$

其中，r 为表面粗糙系数。因此，撞击后的总的表面能表示为

$$E_{s2} = E_c + E_b = \pi\sigma_{lg}D_{max}h + \frac{\pi}{4}D_{max}^2\sigma_{lg}\left(1 - \frac{\cos\theta}{r}\right) \tag{3.16}$$

撞击过程中的黏性耗散表示为[10]

$$W = \int_0^{t_c}\int_\Omega \varphi d\Omega dt \approx \varphi\Omega t_c \tag{3.17}$$

$$\varphi = \mu\left(\frac{\partial v_i}{\partial x_j} + \frac{\partial v_j}{\partial x_i}\right)\frac{\partial v_i}{\partial x_j} \approx \mu\left(\frac{U_0}{\delta}\right)^2 \tag{3.18}$$

其中，φ 为耗散函数，Ω 为体积，t_c 为黏性耗散的特征时间，δ 为边界层厚度。积分体积近似表示为

$$V \approx \frac{\pi}{4}D_{max}^2 h \tag{3.19}$$

而根据液滴撞击前后体积守恒可以得到液膜厚度为

$$h = \frac{2}{3}\frac{D^3}{D_{max}^2} \tag{3.20}$$

具有轴对称滞止点流动的边界层厚度表达式可以写成

$$\delta = \frac{2D}{\sqrt{Re}} \tag{3.21}$$

积分时间域 t_c 可以通过体积流量的关系式给出，即具有球冠状的液滴以初始速度 U_0 向下流动的体积流量与铺展液层(已近似为圆柱体)的体积流量相等，于是

$$\frac{U_R}{U_0} = \frac{d^2}{4Dh} \tag{3.22}$$

其中，U_R 为液膜的铺展速度，d 为液滴撞击过程中球冠与固体表面的接触直径，将式(3.20)代入式(3.22)可得

$$dD/dt = 2V_R = \frac{3}{16}U_0\frac{D_{max}}{D_0}\frac{1}{D} \tag{3.23}$$

上式进一步变形为

$$\frac{D_{max}}{D_0} = \sqrt{\frac{3}{8}t^*} \tag{3.24}$$

其中，$t^* = V_0 t / D_0$，当液滴铺展到最大直径时 $t_c = t^* = (8U_0)/(3U_0)$，连同式(3.18)和式(3.23)代入到式(3.17)中，最终得到黏性耗散能的表达式如下：

$$W = \frac{\pi}{3} \rho U_0{}^2 D_0 D_{max} \frac{1}{\sqrt{Re}} \tag{3.25}$$

根据能量守恒：

$$E_{s1} + E_{k1} = E_{s2} + W \tag{3.26}$$

将式(3.25)代入上式，得到最大铺展系数的表达式：

$$b_{max} = \frac{D_{max}}{D_0} = \sqrt{\frac{We + 12}{3\left(1 - \frac{\cos\theta}{r}\right) + 4(We/\sqrt{Re})}} \tag{3.27}$$

对于试验中的平行沟槽表面，表面粗糙系数 r 可以通过下式计算：

$$r = \frac{l + s + 2h}{l + s} = 2 \tag{3.28}$$

对于平行沟槽表面，不同视角方向的接触角由表 3.1 给出。

表 3.1　平行沟槽表面液滴的静态接触角

视角方向	静态接触角 $\theta/(°)$
平行于沟槽	71.3
垂直于沟槽	120.8

为了验证本节所建立的理论模型的准确性，利用式(3.27)计算出了平行于沟槽方向 G-P、垂直于沟槽方向 G-V 的理论最大铺展直径系数，见图 3.14。为了方便对比，相应的试验值也在图中给出。

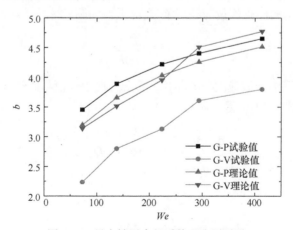

图 3.14　最大铺展直径系数理论预测图

分析图 3.14 可以发现，在顺沟槽方向的最大铺展直径系数，理论预测值与试验测试值偏差较小，最大偏差约为 11%。但是对于垂直于沟槽方向的最大铺展直径系数，理论预测值与试验值偏差较大，大约为 40%。分析原因可能在于耗散函数积分项的近似处理上，对于顺沟槽方向的铺展，这种近似产生的误差较小。但是对于垂直于沟槽方向的铺展，由于三相接触线在运动时会受到沟槽壁垒的严重牵制[9]，因此这种近似处理会产生较大误差，进而导致理论预测模型与试验值差距较大。此外，无论是从理论分析角度还是试验角度均证明：垂直于沟槽铺展方向的最大铺展直径系数小于平行于沟槽铺展方向。

对于试验中的其他微结构表面，从微结构分布角度来看，辐射状的微结构在铺展过程中的作用类似于平行微沟槽，圆环状微结构则对应于垂直微沟槽，根据上文的分析，辐射状的微结构铺展直径大于环状铺展直径，这与本试验结果相吻合。

对于存在微结构固体表面铺展过程的理论预测，由于其复杂的动力学过程，仅仅从能量守恒的角度去解释其铺展规律很显然是不够的。限于作者的知识储备等因素，关于液滴铺展的理论分析就到此。相信随着该研究领域的深入，更多高精度铺展过程的理论模型将逐渐建立，进一步揭示液滴铺展的内在动力学机制。

3.5　本章小结

本章主要研究了液滴在不同 We 下撞击具有平行状、辐射状以及圆环状沟槽表面的铺展特性。研究不同 We 下液滴的铺展回缩过程、最大铺展直径系数以及伴随指状物的尺寸和数量。结合平行沟槽表面的 Wenzel 模式建立了不同方向沟槽表面的最大铺展直径系数的理论预测模型，并利用该模型对试验结果进行了理论解释。

参 考 文 献

[1] 周守荣, 黄建群. 压电式共振腔均匀液滴发生器的设计与研制[J]. 四川联合大学学报, 1999, 3(2): 65-67.

[2] Yamamoto K, Ogata S. 3-D thermodynamic analysis of superhydrophobic surfaces[J]. Journal of Colloid and Interface Science, 2008, 326: 471-477.

[3] 汪家道, 禹营, 陈大融. 超疏水表面形貌效应的研究进展[J]. 科学通报, 2006, 51(18): 2097-2099.

[4] Wenzel R N. Resistance of solid surfaces to wetting by water[J]. Ind. Eng. Chem, 1936, 28: 988-994.

[5] Cassie A B D, Baxter S.Wettability of porous surfaces[J]. Trans Faraday Soc, 1944, 40: 546-551.

[6] 施瑶, 胡海豹, 黄苏, 等. 条纹沟槽表面润湿性的试验研究[J]. 测控技术, 2011, 11(30): 119-121.

[7] Roisman I V, Rioboo R, Tropea C. Normal impact of a liquid drop on a dry surface: model for spreading and receding[J]. Proceedings Royal Society London A, 2002, 458: 1411-1430.

[8] Roisman I V. Dynamics of inertia dominated binary drop collisions[J]. Physics of Fluids, 2004, 16: 3438.

[9] Pan K L, Roisman I V. Note on "Dynamics of inertia dominated binary drop collisions" [J]. Physics of Fluids, 2009, 21: 022101.

[10] Yarin A L, Weiss D A. Impact of drops on solid surfaces: selfsimilar capillary waves and splashing as a new type of kinematicdiscontinuity[J]. Journal of Fluid Mechanics, 1995, 283: 141-173.

第4章 疏水沟槽壁面上液滴振荡行为

4.1 引 言

振荡液滴的特性广受关注。在液滴本征特性的层面上，振荡液滴技术常被用来测量液滴的表面张力系数和黏度[1-3]，同样还可以用来测量液滴的接触角[4]。在技术层面上，振荡也已经被用来产生固着液滴的内部流动，而由表面波诱发的振荡也有效地被用来提高 DNA 微数列的荧光性。在液滴微流控系统中，由电场驱动的振荡被发现是可控的，并且可以用来产生自推进液滴。可以预料，基底表面的不均性和接触角滞后的耦合作用在液滴振荡上，可以为驱使液滴运动提供一种新的方法。在液滴驱动方面，减少接触面积可能会减小促使和维持液滴运动的驱动力；而试验结果显示，疏水沟槽表面上固着液滴具有更小的接触面积。因此，研究了解疏水沟槽壁面上固着液滴的振荡特性，也具有重要的意义。

本章主要关注疏水沟槽平板壁面对液滴运动行为的影响。重点研究微沟槽壁面上液滴的振荡特性，理论分析其规律，并建立相关的数学模型，探索沟槽结构与液滴振荡行为间的关系。

4.2 试 验 方 法

试验装置如图 4.1 所示。试验系统包括了个人计算机(PC)，作用为试验数据的记录和处理；搭配升降台的可移动导轨和移动支架，主要作用为调整相机位置和焦距；移动支架可实现液滴发生器的上下调节，进而实现不同速度的液滴撞击试验；液滴发生装置(微量泵)和多口径平头针头，二者共同工作可以稳定地产生体积恒定的液滴；背景光源以及高速摄像机。鉴于试验考察液滴运动中的细微细节，因此采用显微镜头，用于拍摄和记录液滴的运动过程；试验试件的规则微沟槽表面置于液滴发生器的正下方，试验图像存储在 PC 机的硬盘中，后期再采用 Imge-ProPlus 软件进行处理。试验用水为去离子水，试验温度为 20℃，针头型号为 26 号和 18 号。

试验时，由液滴发生装置产生的液滴以一定速度撞击在试件表面，撞击速度通过改变液滴下落高度调节。同时，为避免空气摩擦对理论计算速度值的影响，

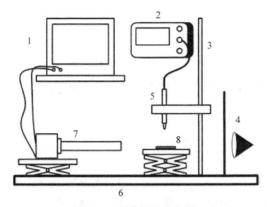

图 4.1　试验装置示意图

1—PC 机；2—液滴发生装置；3—移动支架；4—背景光源；5—多口径平头针头；
6—带升降台的可移动导轨；7—高速摄像机+显微镜头；8—试件

并保证试验数据的准确性，数据处理时使用测量软件 Image-Pro。基于图像测试方法，取液滴撞击前的最后 1/3ms 内的平均速度为最终撞击速度。由于液滴的振荡特性为微小细节，为尽可能详细地记录和描述该过程以及减少试验测量误差，试验中采用高速摄像机+显微镜头的组合，采集频率选用 3000fps。本章研究了两种撞击速度，10 种试件上液滴振荡过程中高度、接触线直径等变化规律。试验所需处理数据如图 4.2 所示，包括液滴直径 d (diameter)，三相接触线直径 d_c(diameter of contact line)和液滴高度 H(height)。

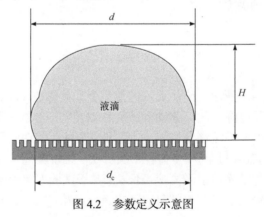

图 4.2　参数定义示意图

4.3　液滴撞击振荡过程

液滴撞击亲水性壁面后，经历铺展、收缩和稳定等阶段；而对于疏水壁面，液滴在稳定前会经历多次铺展和收缩过程，整个不稳过程称为振荡过程。图 4.3 所示的是微沟槽壁面上液滴撞击后一个完整的振荡过程。

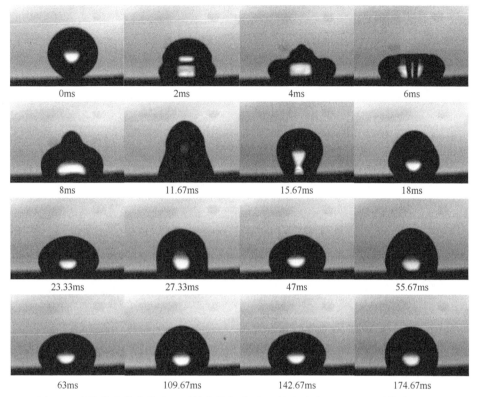

图 4.3　液滴撞击微沟槽壁面后的完整振荡过程(撞击速度 0.44m/s，试件编号 5-6)

由图 4.3 可以发现，液滴在稳定前，经历的铺展和回缩过程有数次，整个振荡过程长达 100ms 以上，期间液滴的高度与直径不断变化。试验中还发现，除了都发生振荡现象外，不同撞击速度、液滴直径和壁面结构尺寸的工况下，液滴撞击后的现象具有显著差异：如撞击后产生气泡、撞击后弹跳小液滴、撞击后弹跳等现象。图 4.4 展示的是不同尺寸沟槽导致的几种撞击伴随现象。

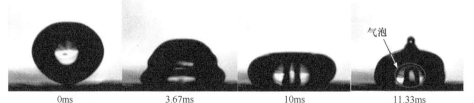

(a) 撞击后产生气泡(液滴直径2.97mm，撞击速度0.44m/s，试件编号8-8)

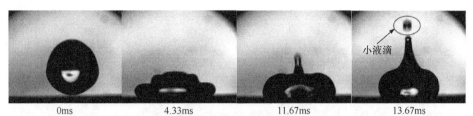

(b) 撞击后弹射小液滴(液滴直径2.97mm，撞击速度0.61m/s，试件编号2-3)

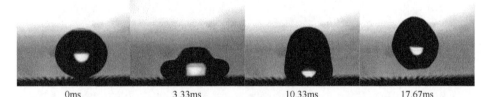

(c) 撞击后弹跳(液滴直径2.57mm，撞击速度0.44m/s，试件编号2-4)

图 4.4　液滴撞击后伴随现象

　　试验结果分析后可以发现，在相同工况下，液滴撞击后不同现象产生的原因主要是撞击速度、液滴直径和沟槽结构尺寸几个因素。详细研究液滴运动行为与以上三个参数间的关系，将是实现对液滴行为调控的一种可行方法。但是，目前国内外疏水性沟槽壁面领域相关研究较少，缺乏完善的研究基础。因此，本章将从更为基础的方面——液滴的振荡现象入手，研究沟槽尺寸、液滴撞击速度对液滴振荡行为的影响，探索疏水沟槽壁面上液滴的振荡特性。

4.4　疏水沟槽壁面上液滴振荡规律

4.4.1　三相接触线振荡特性

　　三相接触线是固液接触中的一个重要因素。三相接触线的研究，对于了解壁面润湿性、润滑和摩擦减阻等特性有着重要的意义。可以认为，理想均匀壁面上液滴的接触线为光滑的圆形；但是对于非均匀沟槽疏水壁面，表面沟槽的存在会对接触线的形状和数值都产生影响。因此，本节主要研究了低速液滴撞击疏水沟槽壁面的过程，从微观角度研究了沟槽结构对固液三相接触线最大直径变化规律的影响。

　　图 4.5 展示的是槽宽为 0.2mm 的试件上不同方向上固液接触线的变化规律，液滴直径为 2.57mm。对比不同试件上接触线直径的变化规律，由图可以发现：

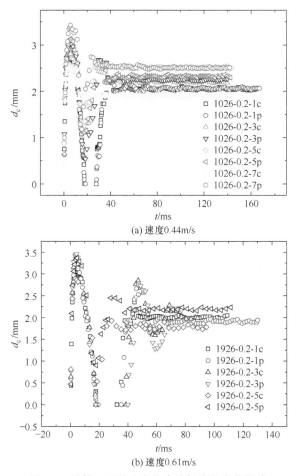

(a) 速度0.44m/s

(b) 速度0.61m/s

图 4.5 试件上两种速度液滴接触线的变化规律

(1) 在不同试件上，接触线的变化规律是相似的。液滴撞击后都会经历振荡，其间接触线数值变化剧烈；该过程后，接触线数值会逐渐趋于稳定，在稳定的过程中会伴有微小的波动。

(2) 在速度相同的条件下，同一试件上接触线的数值在两个方向上具有差异，该差异随着沟槽间距的变化而变化。

(3) 在平行向(p)上，接触线的最大值和稳定值随着沟槽间距的增大而增大；而接触线的最小值随着沟槽间距的增大而减小，可以减小至 0(即液滴完全脱离壁面)；但是这一规律并不适用于垂直向(c)上接触线的变化规律。

(4) 对于同一试件，两个方向上接触线数值从初始到稳定所需的时间相近；而对于不同试件，该时间具有明显差异。

(5) 接触线稳定前经历的振荡周期个数与撞击速度有关。如图 4.5 所示，在

0.44m/s 的撞击速度下，液滴经历一次振荡；而在 0.61m/s 的撞击速度下，液滴经历两次振荡。

　　接触线的变化反映的是固液间接触特性，滴落液滴具有的动能和势能在液滴铺展过程中主要转化为表面能和热能(摩擦耗散和黏性耗散)。液滴的运动过程主要受三个力的影响：壁面黏附力、液滴的惯性力和液滴的表面张力。固体壁面对液滴的黏附力 F_v 的计算公式和液滴受迫振荡时的惯性力 F_i 的计算公式分别如公式(4.1)和(4.2)所示[5,6]。其中，L_c 为三相接触线的周长，θ_a 为液滴在固体壁面上的前进角，θ_r 代表液滴在固体壁面上的后退角，A 代表液滴振荡时的幅值，f 为液滴振荡的频率。液滴所受表面张力 F_s 的计算公式如公式(4.3)所示，其中，L 表示液滴的轮廓线。在公式(4.1)中，表面张力系数 σ、前进角 θ_a 和后退角 θ_r 由液滴和壁面的属性决定，对于某一试件，这三个量的数值不会变化，因此 L_c 的大小决定了黏附力的大小。

$$F_v = L_c \sigma \left(\cos \theta_a - \cos \theta_r \right) \tag{4.1}$$

$$F_i = \rho V A f^2 \tag{4.2}$$

$$F_s = \sigma L \tag{4.3}$$

　　液滴在运动过程中，黏附力始终与液滴的运动方向相反，阻碍液滴的运动并指向液滴的中心；惯性力的方向则与加速度的方向相反，当液滴的加速度变为 0 后反向时，惯性力的方向与液滴的运动方向相同；表面张力的方向平行于液滴并由液滴边缘指向中心。

　　在水平方向上，铺展过程中液滴的直径由最小值逐渐增加到最大值(图 4.6，定义 X 轴正轴为加速度正方向)，液滴速度的变化由 0 增加至速度最大值，然后逐渐减小；而这个过程中液滴的加速度则是由正向最大值(图 4.6(a))减小至 0 并继续减小至反向最大值(图 4.6(b))。当液滴的加速度为负值时，液滴受到的三个力的方向如图 4.6(c)所示。

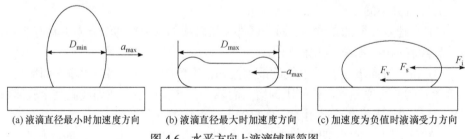

(a) 液滴直径最小时加速度方向　　(b) 液滴直径最大时加速度方向　　(c) 加速度为负值时液滴受力方向

图 4.6　水平方向上液滴铺展简图

　　根据受力平衡关系，加速度为负值时液滴的受力平衡方程为

$$F_{\mathrm{i}} - \left(F_{\mathrm{s}} + F_{\mathrm{v}}\right) = 0 \tag{4.4}$$

根据公式(4.4)，液滴在铺展过程中，当惯性力 $F_{\mathrm{i}} > \left(F_{\mathrm{s}} + F_{\mathrm{v}}\right)$ 时，液滴可以克服壁面对其的黏附作用，其接触线也会发生移动并增大。液滴第一次铺展过程中接触线规律如图 4.5 所示。而当液滴在第二次铺展过程中，如果惯性力满足 $F_{\mathrm{s}} < F_{\mathrm{i}} < \left(F_{\mathrm{s}} + F_{\mathrm{v}}\right)$，则惯性力无法克服壁面的黏附作用，液滴会发生接触线不变而直径不断变化的振荡行为(如图 4.5(a)中接触线变化曲线所示)；如果惯性力依然满足 $F_{\mathrm{i}} > \left(F_{\mathrm{s}} + F_{\mathrm{v}}\right)$，则液滴的接触线会像第一次铺展一样，可以铺展至接触线稳定值以上。如图 4.5(b)中振荡曲线所示，液滴接触线会发生二次振荡。

　　液滴回缩与铺展过程是一个相反的过程，液滴的直径由最大值逐渐减小至最小值(如图 4.7 所示，定义 X 轴正轴为加速度正方向)，液滴速度的变化由 0 增加至速度最大值，然后逐渐减小；而液滴的加速度则是由反向最大值(图 4.7(a))减小至 0，并继续减小至正向最大值(图 4.7(b))。当液滴的加速度为正值时，液滴受到的三个力的方向如图 4.7(c)所示。

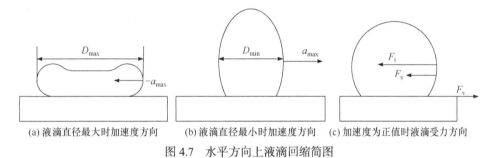

(a) 液滴直径最大时加速度方向　　　(b) 液滴直径最小时加速度方向　　　(c) 加速度为正值时液滴受力方向

图 4.7　水平方向上液滴回缩简图

　　根据受力平衡关系，加速度为正值时液滴的受力平衡方程为

$$\left(F_{\mathrm{i}} + F_{\mathrm{s}}\right) - F_{\mathrm{v}} = 0 \tag{4.5}$$

根据式(4.5)，液滴在回缩过程中，当满足 $F_{\mathrm{i}} + F_{\mathrm{s}} > F_{\mathrm{v}}$ 时，液滴可以克服壁面对其的黏附作用，其接触线也会发生回缩并减小，甚至可以达到 0(即脱离壁面)，如图 4.5 中液滴第一次回缩过程中接触线规律所示。

　　根据图 4.5，不同初始能量下(即不同撞击速度)，液滴接触线所发生的振荡次数也是不一样的。试验发现，液滴接触线的振荡次数与液滴初始能量有关。由于液滴接触线的振荡过程中，液滴受壁面的摩擦耗散和黏性耗散作用，液滴具有的能量不断减小。接触线能否发生振荡，取决于上次振荡过程后液滴的残余能量。撞击速度为 0.44m/s 时接触线发生一次振荡，振荡后接触线变化减弱甚至不变；而撞击速度为 0.61m/s 时则发生两次振荡，两次后接触线维持不变。

　　在液滴撞击初始阶段，液滴具有较高的能量和振动幅值，此时 $F_{\mathrm{i}} > F_{\mathrm{v}}$，近壁面液滴分子受惯性力的影响向外运动，表现为接触线直径同样会随时间而振荡；而随着液滴的铺展和回缩过程中液滴具有的能量因耗散而减少，体现为液滴振荡幅值的衰减，并导致惯性力 F_i 的减小。当液滴具有的惯性力不足以克服黏附力，即 $F_i < F_v$ 时，根据公式可知，L_c 变化减弱甚至不变。因此，当提高液滴的初始能量(撞击速度)时，接触线的稳定所需时间会增加。

4.4.2　液滴高度振荡特性

液滴高度变化的研究，对进一步研究液滴表面张力和毛细波等本身特性具有重要的意义。本节主要研究速度和沟槽尺寸对液滴高度振荡的影响规律。图 4.8 展示的是液滴运动行为中的一次振荡过程，在完整的液滴运动过程中，如图所示的振荡过程会出现数次，直到液滴达到稳定状态。由图可以发现，在该振荡过程中，液滴高度随时间变化先不断增大，然后不断减小，而液滴的直径则呈现完全相反的规律。

图 4.8　液滴运动行为中的一次振荡过程

对比同一组试验中液滴高度与接触线的变化规律(图 4.9)可知，液滴的三相接

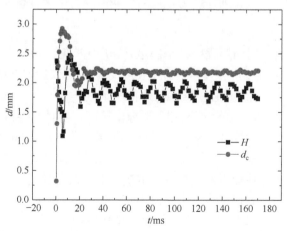

图 4.9　试件上液滴高度与接触线的变化规律

撞击速度 0.44m/s，液滴直径 2.57mm

触线在经历铺展收缩后会达到稳定值，而此时液滴的高度振荡依然存在且非常明显。根据《噪声与振动控制技术基础》一书中的定义，该阶段液滴运动呈有阻尼的衰减振荡，即阻尼振荡[7]。

　　该振荡过程不仅存在于某一个试件，而是在全部试件上都存在。图 4.10 是不同沟槽板子上液滴高度的变化规律。

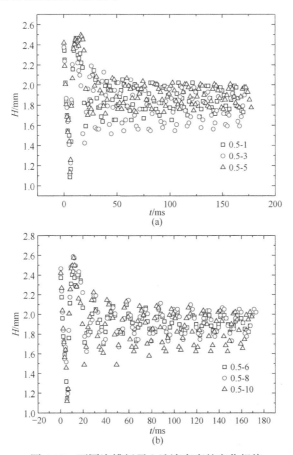

图 4.10　不同沟槽板子上液滴高度的变化规律

　　由图 4.10 中的液滴高度的振荡曲线可以发现，每条曲线的最大值、最小值、周期和稳定值都不尽相同，但所有曲线上具有相似的规律。当液滴撞击到试件表面时，液滴的高度逐渐减小至整条曲线的最低点，然后液滴的高度会增加并达到曲线的最高点；在之后的变化中，液滴的高度随时间而波动，形成波峰、波谷以及幅值不断减小的阻尼振荡曲线。

　　为研究沟槽尺寸对高度振荡的影响，本节同样对不同速度下，每个沟槽壁面上高度的最大值、最小值进行统计对比分析，见图 4.11。

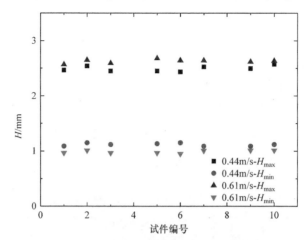

图 4.11　不同试件上液滴高度最大值与最小值(液滴直径 2.57mm)

如图 4.10 和图 4.11 所示，在不同的沟槽尺寸上液滴的高度变化具有以下规律：

(1) 相同速度下，虽然壁面结构不同，但是高度的振荡是必然存在的。

(2) 不同尺寸沟槽的壁面上，液滴高度的振荡曲线的最大值、最小值、幅值、衰减模量和周期等不完全相同。

(3) 液滴撞击速度和沟槽尺寸是影响不同试件间高度的最大值和最小值差异的因素；当速度提高时，液滴高度的振荡曲线的最大值增大，而最小值减小；当速度不变而沟槽尺寸变化时，各试件上高度的最大值间不尽相同，最小值也具有一定差异。

由图 4.9 中高度变化曲线和包络曲线可知，高度振荡随着时间做衰减变化，振幅衰减速度较慢，即衰减模量较小。阻尼振荡公式可以写作[7]

$$y = a_0 + a_1 e^{-a_2 t} \cos(a_3 t + a_4) \tag{4.6}$$

而对于液滴的高度的振荡规律，可以写成

$$H = H_0 + A e^{-\frac{t}{a_0}} \sin\left(\frac{\pi(t - t_0)}{\omega}\right) \tag{4.7}$$

其中，H_0 为液滴高度的稳定值，A 为高度振荡的幅值，a_0 为衰减模量($1/a_0$ 为衰减系数)，ω 为半周期。

本节使用 origin 软件对高度振荡曲线进行拟合。由于初始撞击过程中液滴受内流动影响很大，并不符合阻尼振荡，因此拟合过程中统一选取振荡的第三周期为初始周期。拟合图如图 4.12 所示，该公式可以很好地拟合高度的变化曲线，并获得相应的参数值和误差。拟合后获得的周期 T 和最终平衡高度 H_0 如图 4.12(b)和(c)所示。

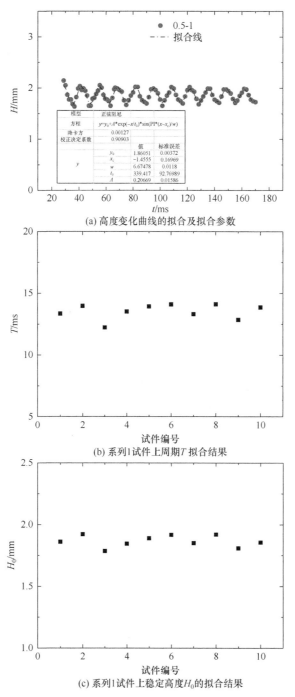

(a) 高度变化曲线的拟合及拟合参数

(b) 系列1试件上周期T拟合结果

(c) 系列1试件上稳定高度H_0的拟合结果

图 4.12　高度与周期变化曲线的拟合及拟合参数

对比图 4.12 可以发现，稳定高度 H_0 和拟合周期 T 具有相似的变化规律。

4.4.3　稳定高度的计算公式推导

文献[8]认为，亲水性沟槽壁面上液滴接触形态可以认为是椭球缺状。根据试验结果，在疏水沟槽壁面上，液滴在两个方向上的接触角均大于 90°，呈疏水状态，且平行向上液滴直径大于垂直向上液滴直径。本节使用 ug 建模软件，建立壁面上椭球缺的模型示意图，正视图和侧视图见图 4.13。

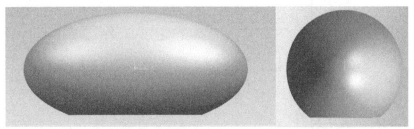

(a) 正视图(接触角为160°)　　　　　　　(b) 侧视图(接触角为143.6°)

图 4.13　侧视图为球缺的椭球缺

使用 ImageJ 软件对图 4.13 中液滴的接触角进行测量，其中正视图中接触角为 160°，侧视图中液滴接触角为 143.6°。可见，椭球缺假设与疏水沟槽壁面上液滴接触角的试验结果相悖。因此，本章研究的液滴接触形态不能认为是椭球缺状，而根据接触角测量结果，该形态应为垂直向和平行向上剖面为圆缺的特殊形态。

为对稳定高度 H_0 和壁面润湿性之间的相关性进行解释，本节对处于稳定状态的液滴进行分析，并作出如下的假设：

在疏水壁面上，稳定时液滴在沟槽壁面上呈球缺状态，在垂直向上呈球缺(图 4.14(a))而平行向上呈椭球缺形状(图 4.14(b))。图 4.14 中 R_2 和 R_1 分别为平行向和垂直向上剖面圆的半径。

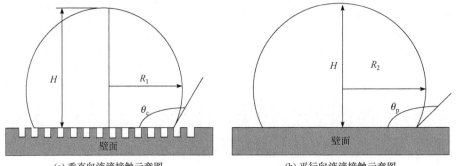

(a) 垂直向液滴接触示意图　　　　　　　(b) 平行向液滴接触示意图

图 4.14　沟槽壁面液滴接触示意图

球缺体积的计算公式如下：

$$V = \frac{\pi(3R - H_x)H_x^2}{6} \tag{4.8}$$

其中，R 为球缺半径，H_x 为球缺的高度。而当球缺高度 H_x 大于球缺半径时，球缺半径 R 与高度 H_x 具有以下关系：

$$H_x = R(1 - \cos\theta) \tag{4.9}$$

θ 为球缺与壁面的接触角。将公式(4.9)代入到公式(4.8)中，可以获得理想球缺的高度与球缺体积、接触角之间的关系：

$$H_x^3 = \frac{6V}{\pi\left(\dfrac{2 + \cos\theta}{1 - \cos\theta}\right)} \tag{4.10}$$

根据公式(4.9)和(4.10)，图 4.14 中高度 H 和垂直向上的液滴体积具有如公式(4.9)所示的关系：

$$H = R_1(1 - \cos\theta_c) \tag{4.11}$$

$$H = R_2(1 - \cos\theta_p) \tag{4.12}$$

$$H^3 = \frac{6V_1}{\pi\left(\dfrac{2 + \cos\theta_c}{1 - \cos\theta_c}\right)} \tag{4.13}$$

$$H^3 = \frac{6V_2}{\pi\left(\dfrac{2 + \cos\theta_p}{1 - \cos\theta_p}\right)} \tag{4.14}$$

根据前文的假设，尽管壁面具有各向异性，液滴形状不一样，但是稳定时两个方向上高度是一样的，液滴体积也是一定的。因此，对公式(4.13)和(4.14)求几何平均，可得

$$H = \sqrt[6]{\frac{36V_1V_2}{\pi^2\left(\dfrac{2 + \cos\theta_p}{1 - \cos\theta_p}\right)\left(\dfrac{2 + \cos\theta_c}{1 - \cos\theta_c}\right)}} = \sqrt[3]{\frac{6V}{\pi\sqrt{\left(\dfrac{2 + \cos\theta_p}{1 - \cos\theta_p}\right)\left(\dfrac{2 + \cos\theta_c}{1 - \cos\theta_c}\right)}}} \tag{4.15}$$

当忽略了沟槽中的液体体积时，则球缺体积与液滴初始体积相等，因此 $V = \dfrac{\pi D_0^3}{6}$，将 V 的表达式代入公式(4.15)，化简后得到

$$H=\frac{D_0}{\sqrt[6]{\left(\dfrac{2+\cos\theta_c}{1-\cos\theta_c}\right)\left(\dfrac{2+\cos\theta_p}{1-\cos\theta_p}\right)}} \tag{4.16}$$

为验证公式(4.16)的试验误差，将液滴直径 $D_0=2.57$mm 和图 4.7 中所示接触角试验数据代入到公式(4.16)中，计算结果与图 4.12(c)中液滴高度的试验数据进行对比，对比结果如图 4.15 所示。

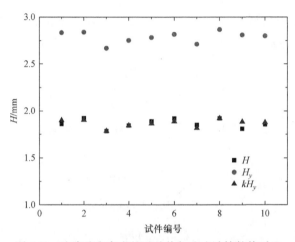

图 4.15　液滴稳定高度的试验值与公式计算数值对比

由图 4.15 可以发现，两条曲线具有一致的变化规律，只是数值上具有一定的差异。根据上述的推导过程，数值上的差异产生的原因主要为：

(1) 试验过程中和结果测量时，存在系统误差和测量误差；拟合振荡曲线时，存在拟合误差。

(2) 在提出形态假设时，液滴的形貌在两个方向上的截剖面可能不完全是圆形。

(3) 在推导公式(4.16)过程中，对液滴的体积采用去几何平均的方法，会产生一定数值上的误差。

(4) 实际中液滴接触状态为 Wenzel 模式，该模式导致沟槽中也存在一定液体，而在推导过程中依然使用原始液滴体积，忽略了沟槽中液体体积，会导致计算结果偏大。

对于由以上原因产生的差异，本节中使用修正系数 k 对公式(4.11)进行修正，其中 k 约为 0.67。修正后计算数值如表 4.1 中所示，修正后曲线如图 4.15 中 kH_y 所示，由图可见修正曲线基本与高度拟合值曲线重合。但是，该修正系数可能由多种影响因素共同组成，如壁面尺寸、壁面润湿性、粗糙度等，组成参数复杂。

因此, 本节只给出适用于式(4.11)的修正系数, 修正系数的具体参数有待日后的进一步深入研究。

表 4.1　高度的试验值与公式预估值对比

试件编号	高度试验值 H/mm	公式计算数据 H_y/mm	修正后计算数据 kH_y/mm
1	1.86	2.83	1.90
2	1.92	2.84	1.90
3	1.78	2.67	1.79
4	1.85	2.75	1.84
5	1.89	2.78	1.86
6	1.92	2.82	1.89
7	1.85	2.71	1.82
8	1.92	2.87	1.92
9	1.81	2.81	1.88
10	1.86	2.80	1.88

4.4.4　液滴振荡周期的公式推导

在单自由度自由振荡系统中, 频率反映了系统振荡的固有特性, 而振荡频率仅与系统的固有变量有关, 而与振荡的初始条件无关。而周期与频率互为倒数, 振荡系统中周期的计算公式为

$$T = 2\pi\sqrt{\frac{m}{K}} \tag{4.17}$$

文献[9]中 Fedorchenko 等对光滑平板上液滴的振荡周期给出了预测公式:

$$T = \sqrt{\frac{\rho D_0^3}{6\sigma}} \tag{4.18}$$

该公式可以用表面张力系数作为液滴的振荡的弹性系数, 但是无法反映壁面对振荡过程的影响, 因此在文献[10]中, Fedorchenko 对该公式进行了改进, 添加了 $(1-\cos\theta)$ 以反映壁面特性:

$$T = \sqrt{\frac{\rho D_0^3}{6\sigma(1-\cos\theta)}} \tag{4.19}$$

但是, 对于本节的试验, 由于壁面上沟槽对液滴润湿状态的影响, 接触角不再具有唯一性, 而是呈现各向异性。因此, 本节采用平均润湿性的概念, 对公式中 $(1-\cos\theta)$ 项取两个方向上的几何平均, 对公式(4.19)进行修正, 修正后公

式如下：

$$T_1 = K_{T_1}\sqrt{\frac{\rho D_0^3}{6\sigma\sqrt{(1-\cos\theta_c)(1-\cos\theta_p)}}} \tag{4.20}$$

对比图 4.12(b)与图 4.12(c)可以发现，稳定时高度和振荡周期具有相似的变化规律。参考公式(4.16)，其中 D_0 为固定值，对高度产生影响的只是受壁面属性影响的因数。这里定义壁面影响因数为 C，其表达式为

$$C = \frac{2+\cos\theta_c}{1-\cos\theta_c}\frac{2+\cos\theta_p}{1-\cos\theta_p} \tag{4.21}$$

分析公式(4.19)可以发现，公式中体现壁面属性对振荡周期影响的因数为 $(1-\cos\theta)$。因此，使用 C 对公式(4.18)进行修正，得到可能的预测公式：

$$T_2 = K_{T_2}\sqrt{\frac{\rho D_0^3}{6\sigma\sqrt{\frac{2+\cos\theta_c}{1-\cos\theta_c}\frac{2+\cos\theta_p}{1-\cos\theta_p}}}} \tag{4.22}$$

将图 4.7 中壁面接触角数据分别代入公式(4.20)与(4.22)，对比两个公式的计算结果，如图 4.16，公式中 $K_{T_1}=2.81$，$K_{T_2}=1.91$。

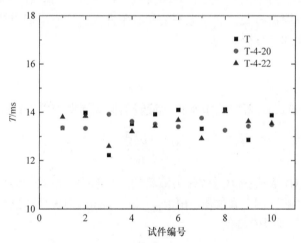

图 4.16　两个公式计算值与试验值的对比

对比三条曲线可以发现，两个公式的计算结果与试验值都有一定的偏差。但是公式(4.22)计算结果的规律曲线与试验值规律曲线具有相似的规律，而公式(4.20)计算结果的规律曲线则与试验值规律曲线完全相反。因此，本节认为基于影响因数 C 的假设，比 Fedorchenko[9,10]的模型更为合理。

4.5　本 章 小 结

本章基于搭建的液滴撞击行为的观测试验平台，结合疏水试件进行了不同尺寸沟槽壁面上液滴低速撞击后的振荡特性的试验研究。对不同尺寸沟槽上不同直径、不同撞击速度的液滴的振荡特性进行了观测和分析，观测到了沟槽壁面上撞击振荡、撞击反弹和撞击弹射等不同的液滴现象，并总结了液滴振荡过程中接触线和高度的变化规律。

进一步从受力平衡角度，理论解释了三相接触线曲线变化的原因。作出合理假设，推导出了液滴稳定高度与壁面润湿性关系的计算公式，该公式的计算结果和试验拟合结果具有良好的吻合性。结合该公式，对已有的振荡周期公式进行了修正。由于在推导公式的过程中作出假设等原因，理论结果与试验结果还具有一定误差，因此获得更精确的、误差更小的理论公式有待进一步研究。

参 考 文 献

[1] 冯林, 石万元. 静磁场对电磁悬浮熔融液滴表面张力测量影响的研究[J]. 工程热物理学报, 2021, 42(7): 1791-1797.

[2] 王飞龙, 孙一宁, 孙志斌, 等. 基于 PSD 的静电悬浮液滴振荡技术在表面张力与黏度测量中的应用[J]. 仪表技术与传感器, 2016, (12): 173-175.

[3] 沈昌乐, 解文军, 魏炳波. 声悬浮液滴扇谐振荡的数字图像分析与表面张力测定[J]. 中国科学: 物理学 力学 天文学, 2010, 40(10): 1240-1246.

[4] 张东琪. 液滴振荡动态接触角的研究[D]. 大连: 大连理工大学, 2019.

[5] Yong C J, Bhushan B. Dynamic effects induced transition of droplets on biomimetic superhydrophobic surfaces[J]. Langmuir, 2009, 25(16): 9208-9218.

[6] Yong C J, Bhushan B. Dynamic effects of bouncing water droplets on superhydrophobic surfaces[J]. Langmuir, 2008, 24(12): 6262-6269.

[7] 盛美萍, 王敏庆, 孙进才. 噪声与振动控制技术基础[M]. 2 版. 北京: 科学出版社, 2007.

[8] 施瑶, 胡海豹, 黄苏和, 等. 条纹沟槽表面润湿性的试验研究[J]. 测控技术, 2011, 30(11): 119-126.

[9] Fedorchenko A I, Wang A B. The formation and dynamics of a blob on free and wall sheets induced by a drop impact on surfaces [J]. Physics of Fliuids, 2004, 16(11): 3911-3920.

[10] Fedorchenko A I. Effect of capillary perturbations on the dynamics of a droplet spreading over a surface[J]. Russ. J. Eng. Thermophys, 2000, 10(1): 1-11.

第 5 章   规则微沟槽表面液滴融合行为

5.1 引   言

对于液滴在固体表面的融合行为，由于液滴融合的偶然性以及液滴彼此间接触距离较难控制，直到近年来才开始有相关的报道。2001 年，Rocha 等[1]首次报道了水银小滴在固体表面的融合特性，自此融合现象受到广泛的关注。本章首先详细介绍了融合试验中所用的试验试件以及融合的促发方式，然后考察了不同中心距下液滴的融合过程，并总结了融合过程中桥状物的尺寸变化规律。最后根据试验结果，提出了沟槽表面液滴融合过程中桥状物高度变化规律的理论模型。

5.2 试 验 方 法

5.2.1 试验系统

图 5.1 所示为液滴融合的试验装置示意图。主要包括了配备显微镜头的高速摄像机、二维坐标台、医用双管注射泵、两个手动升降台、光源和注射器等设备。高速摄像机和显微镜头组合，用于记录液滴融合过程中的瞬时形态。医用双管注射泵实现液滴生成精确控制，配置一定直径的平头针头(0.5mm)，即可准确控制液滴的生成速率及体积等参数。

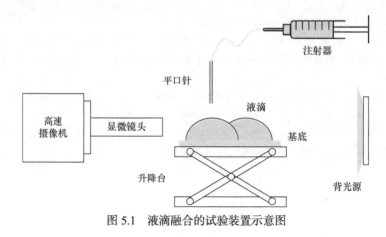

图 5.1   液滴融合的试验装置示意图

5.2.2 试验表面

沟槽表面如图 5.2 所示。槽深 0.2mm，宽 0.2mm，槽间距 0.2mm。

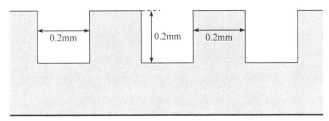

图 5.2 融合试验中采用的沟槽表面

已有的融合试验(图 5.3)中，大多采用注射融合的方法，即先在固体表面滴一枚液滴，然后利用注射装置在该静止液滴的旁边注射液体，直到两个液滴融合。这种方法最大的缺点是融合过程中，依赖注射形成的液滴会对融合现象产生巨大的影响[2]。

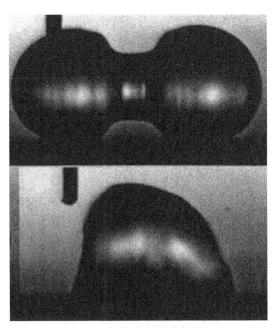

图 5.3 文献[2]中的融合试验

为了避免液滴融合过程中注射针头的影响，本试验采用在沟槽表面预埋针头的试验方法，实现两个液滴在沟槽表面的融合，见图 5.4。具体实现方法如下：在沟槽表面打一个可以与注射针头形成过盈配合的通孔，将注射针头埋入沟槽表面下部，然后利用导管将其与注射器连接。针头顶部与沟槽表面保持平行，这样就可避免针头对于融合过程的影响，提高试验精度。

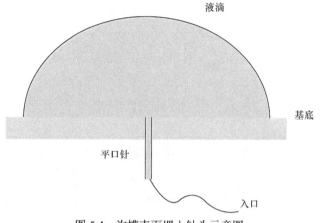

图 5.4　沟槽表面埋入针头示意图

5.2.3　试验流程

试验前，将高速摄像机置于二维坐标台上，以方便摄像过程中视角的移动。调节手动升降台的高度，在保持水平的同时，要适应显微镜头的高度。将试验板放置于两个升降台之间，然后再从下部完成针头与导管的连接。

试验中，首先利用注射泵在沟槽表面滴落一个静止的液滴，该液滴的直径由注射针头直径决定。然后打开另一支注射器，调节注射速度为 8mL/h，使液滴缓慢地由埋入针头产生。与此同时，打开高速摄像机，完成融合过程的捕捉。由于融合过程发生的时间相对于液滴撞击和融合而言更短暂[3]，使用自动触发的方式，拍摄帧率为 3000 帧/s。

5.3　液滴沿垂直沟槽方向融合行为

5.3.1　液滴变形

图 5.5 所示为拍摄到的两个等大的液滴(14µL)在垂直沟槽表面的融合过程。分析图 5.5 可知，液滴的融合可以分为四个阶段：静止阶段、融合阶段、振荡阶段和稳定阶段。

在静止阶段，由于液滴在沟槽表面各向异性的独特润湿特性，液滴在垂直沟槽表面轮廓呈现优弧。在 Graham 等[4]的融合试验中表明，液滴在固体表面的润湿特性将对融合过程产生重要的影响。因此，微沟槽的存在会影响液滴的融合过程。

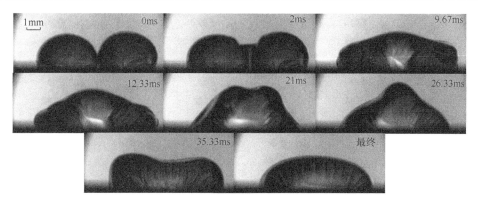

图 5.5　垂直沟槽表面液滴的融合过程

随着注射泵的持续工作，针头上方的液滴体积不断变大，其轮廓也不断扩张，最终将与静止液滴发生接触，产生融合过程中最常见的桥状物，这也是融合过程发生的标志。由于表面张力以及分子内部吸引力的作用，两个液滴会在十分短暂的时间内完成融合(本试验测得约为 4.33ms)，在此过程中，桥状物的高度也会迅速增大。

在极快的融合阶段之后，由于之前剧烈的变形，液滴会进入振荡状态。液滴的振荡状态相对融合而言十分"漫长"，大约需要 0.1s。液滴的振荡是由液滴的变形产生的，类似于两个小型波浪的叠加，如图 5.5 所示。对于垂直沟槽表面，由于沟槽的抑制作用，每个融合液滴在融合时由于变形均会产生一个振动波，该波沿着水平方向传播。由于两个波的方向相反，最终在融合处相遇，使桥状物的高度达到最大值。此后，这两个波继续运动，并慢慢衰减，液滴的形状也趋于稳定。最后，液滴达到了稳定状态，形成了一个扁平的液滴。

分析图 5.5 发现，尽管液滴发生了剧烈的振荡，但是固液接触线在整个融合过程中并未发生明显的变化。猜想这是由于沟槽对接触线在水平方向运动的强烈抑制作用。当失去这种抑制时，液滴的振荡状态将发生巨大的变化。

5.3.2　桥状物尺寸变化规律

两个液滴在融合过程中将形成明显的由液体沟槽桥状物将两个液滴"联系"起来，如图 5.6 所示。其中 h_{neck} 表示桥状物的高度，L 表示液滴之间的中心距。桥状物伴随整个液滴的融合过程，也是液滴开始融合的标志。其对于考察液滴在融合过程中的传质、融合发生难易程度都具有十分重要的意义。因此，液滴在融合过程中的桥状物高度变化规律也是类似研究中最为关注的物理参数之一。

对于垂直沟槽表面，当液滴进入振荡状态的初期，液滴内部的传质过程仍十分剧烈。此时，尽管桥状物的存在已经不明显，但是为了便于分析整个液滴在融合结束后的振荡规律，仍将桥状物上沿的中点作为研究对象统计其高度变化[4]。

当液滴进入较为稳定的状态后(融合发生几十毫秒之后)，由于此时液滴形状变化幅度已经很小，便不再进行相关统计。

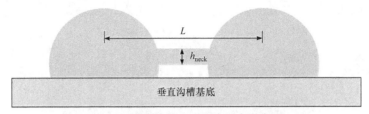

图 5.6   垂直沟槽表面液滴融合示意图

为了与已有的研究保持一致，更加细致地统计桥状物高度的变化规律，进而分析液滴在融合过程中的振荡规律，论文根据试验拍摄到的图像，利用图像后处理技术，对整个融合过程中桥状物高度变化规律进行了统计，如图 5.7 所示。其中横坐标 t 为时间，纵坐标 h_{neck} 为融合过程中桥状物高度。

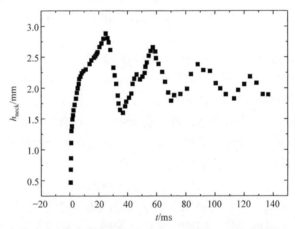

图 5.7   垂直沟槽表面桥状物高度随时间变化规律

分析图 5.7 可知，在垂直沟槽表面，液滴融合过程中，桥状物的高度呈现振荡特性：在融合的瞬间，桥状物高度迅速增大，达到极大值；随后缓慢地降低，至最小值后，继续升高，周而复始。随着时间增加，振荡的能量逐渐降低，桥状物的振幅变小，整个融合形成的液滴也趋于稳定。由图 5.7 可知，在平衡之前，桥状物高度大约需要历经 4 次较大范围的振荡。

图 5.8 所示为液滴在第一次振荡周期内的部分典型图片。分析图 5.8 可以发现，由于桥状物的形成，液滴会产生剧烈的变形，与此同时，会产生振动波沿着液滴向两侧延伸(3.67ms)。振动波到达液滴边缘时(12ms)，桥状物部分也开始隆起，由于振动波仅在液滴范围传播，因此在到达边缘后又会返回(19ms)，在此过程中，桥状物的高度虽然仍在增大，但是其增速变缓，甚至还会出现短暂的降低现象。

随着振动波的返回，两个波峰会在桥状物中心相遇，伴随着波峰的叠加，桥状物高度也会迅速达到极大值(25ms)，这时由于两个波继续向两侧传播，桥状物的高度也会下降并达到最低值(37ms)。桥状物在下降的过程中除去波传递的影响还会受到表面张力和重力的作用，因此下降速度比上升速度快。

图 5.8 第一次振荡过程

在桥状物达到最低值后，会再次"反弹"，第二次振荡过程也随之开始，见图 5.9。振动波仍然在液滴内部传播，最终的波峰叠加导致桥状物的高度再度达到极大值(57ms)。随后由于表面张力等作用的影响，桥状物高度依旧会迅速下降。但是由于振荡的衰减，液滴变形程度下降，因此，桥状物高度的极小值较第一次振荡有所增大。此外，第二次振荡过程所需的时间与第一次较为接近。

图 5.9 第二次振荡过程

第二次振荡之后，第三次振荡过程也随之到来，见图 5.10。分析图 5.10 可知，在第三次振荡中，桥状物上升的速率明显较前两次振荡小。此外，桥状物高度的极大值明显小于前两次振荡过程，而其极小值却比前两次振荡有所提高。这也标志着整个融合过程即将达到稳定状态。由于第三次振荡中，能量衰减较大，因此整个振荡过程所需的时间较前两次振荡有所增加。

图 5.10　第三次振荡过程

第四次振荡过程如图 5.11 所示。分析图 5.11 可以发现，第四次振荡相对于前三次而言更加平缓，桥状物起落的幅度均很小。经历这次振荡之后，融合所造成的振荡能量几乎全部耗散掉，两个液滴完全融合为一个液滴，桥状物的高度不再随时间而变化，整个液滴缓慢进入稳定状态。

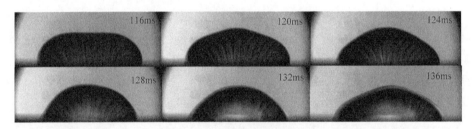

图 5.11　第四次振荡过程

5.3.3　液滴中心距对于融合的影响

已有的研究[4,5]表明，两个液滴中心距会影响整个融合过程。5.3.2 节的研究中主要针对两个等大液滴(14μL)的研究，两个液滴的中心距(L)为 3.6mm。在本节的融合试验中，通过控制静止液滴与"注射"液滴的水平距离，实现了不同中心距下两个液滴的融合。

试验时，仍保持静止液滴的体积不变，利用二维坐标台精确控制其与注射针头的水平距离，然后利用埋入针头缓慢"注射"出另一个液滴，直到两个液滴融合。本节考察了除 3.6mm 外的另外四种中心距：3.0mm，3.2mm，3.4mm，3.8mm。图 5.12～图 5.15 所示为四种不同中心距下两个液滴在融合过程中的典型图片。

分析图 5.12～图 5.15 可以发现，不同中心距会对液滴的融合产生较大的影响，其本质上是导致了不同体积的"注射"液滴与体积恒定的静止液滴融合。由于液滴体积的差异，液滴融合变形后产生的波动也存在明显的差异。体积较大的液滴波动更加剧烈，而体积较小的液滴波动较小。因此，在两个不同体积的液滴融合时，就不会出现两个振幅较大的波峰相遇的情况，整个过程的振荡幅度也随之减小，融合而成的液滴可以较快地达到平衡状态。

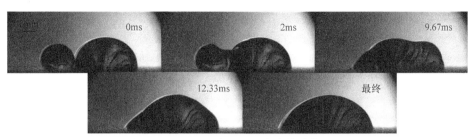

图 5.12　3.0mm 中心距下液滴的融合过程

图 5.13　3.2mm 中心距下液滴的融合过程

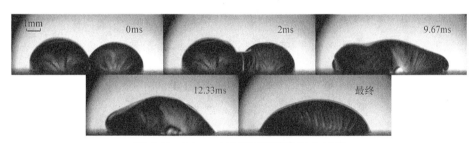

图 5.14　3.4mm 中心距下液滴的融合过程

图 5.15　3.8mm 中心距下液滴的融合过程

液滴在融合时形成的桥状物也会受到两个液滴中心距的影响。当桥状物即将升高至液滴顶部时，由于液滴的高度不同，桥状物上边缘会呈现倾斜，将两个大小不同的液滴联结起来。桥状物的高度也受到液体波动的影响，不同体积液滴融合与等大液滴融合在波动中的差异，也会影响桥状物的高度变化规律，如图5.12～图5.15所示。

分析图5.16、图5.17可以发现，在不同的间距下，液滴的融合过程中桥状物的高度仍呈振荡特性。但由于中心距的变化导致发生融合时液滴的体积不同，不同中心距下液滴融合振动幅度、稳定时间等情况存在明显差异。不同中心距下液滴融合规律如下。

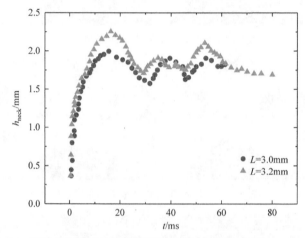

图5.16　不同中心距下桥状物高度随时间变化规律(L=3mm，3.2mm)

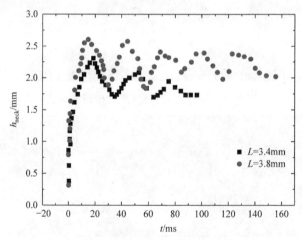

图5.17　不同中心距桥状物高度随时间变化规律(L=3.4mm，3.8mm)

(1) 中心距较小时，由于液滴体积等因素的限制，融合过程中液滴振荡的幅度较小。随着中心距的增大，融合过程中振荡也越来越剧烈。此外，结合图5.13可知，两个等大液滴融合时(L=3.2mm)，桥状物的极大值大于其他中心距的情况。推测该现象是因为等大液滴融合时产生的振动波较为均匀,可以实现两个波峰在中心处完美叠加,使桥状物达到极大值。但是在其他中心距下,融合过程中产生于两个液滴上的振动波并不均匀,这种波峰完美叠加的现象不会出现,桥状物极大值也相对较小。

(2) 中心距较小时,液滴在融合过程中变形较小,达到最终平衡状态所需的时间也较短。但随着中心距的增大,液滴在融合过程中的变形也越来越大,达到平衡状态所需的时间也越来越长。在最大中心距(L=3.8mm)时,液滴达到平衡状态约需 160ms,远大于 3mm 中心距时所需的 61ms。

(3) 在一些特殊的中心距下(L=3mm,3.8mm),两个融合液滴的体积相差较大,会导致在融合过程中,小的液滴被吸引到大的液滴一边,融合过程中液滴一边大一边小的情况。此时,液滴一边的波动占据主导优势,几乎决定了整个液滴的振荡情况,见图 5.18。但是,由于垂直沟槽表面的存在抑制了液滴接触线的运动,整个融合过程中液滴的接触线不会产生明显的变化。

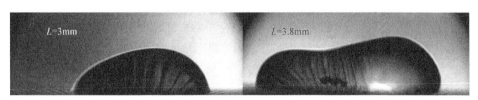

图 5.18　液滴融合时的不均匀现象

5.4　液滴沿平行沟槽方向融合

5.4.1　液滴变形

图 5.19 所示为等大液滴(14μL)在平行沟槽表面融合的部分典型照片。分析

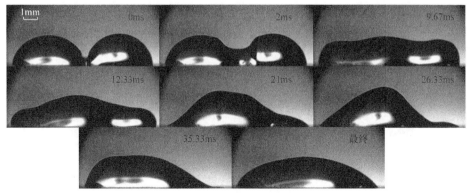

图 5.19　平行沟槽表面液滴的融合过程

图 5.19 可知液滴在平行沟槽表面的融合过程与垂直沟槽表面类似也可分为: 静止阶段、融合阶段、振荡阶段、稳定阶段等四个阶段。但是由于沟槽表面润湿特性的各向异性, 两种表面上液滴融合过程中的一些具体细节不尽相同。

静止状态时, 同样体积(14μL)的液滴在平行沟槽表面呈劣弧状。因此当注射泵不断注入液体至两个液滴融合时, 融合发生的位置不会像在垂直沟槽表面那样在壁面上端, 而是在轮廓底端紧贴壁面的地方。

融合发生后, 桥状物迅速升高将两个液滴联结在一起。与此同时, 由于液滴变形引起的振动波也开始沿着液滴向两侧传播。由于两个液滴的大小相同, 在两个波到达两侧边缘时, 融合液滴的轮廓是近似对称的。平行沟槽表面内的融合过程相对较慢(本试验测得约为 6ms)。猜想这是因为桥状物向垂直于纸面的方向扩张时, 其扩张方向与沟槽表面是垂直的, 沟槽对其扩张有抑制作用, 因此融合的速度变慢了。

在融合后, 液滴也会像在垂直沟槽表面一样发生振荡现象。但是, 平行沟槽表面的振荡主要发生在沟槽方向上: 在融合阶段后, 原来静止液滴的那一边(左)会将"注射"的液滴的大部分吸引过去, 然后形成占主导的波动沿着沟槽方向振荡, 见图 5.19。猜想该现象是由于平行的沟槽起到了类似于导轨的作用, 使得不稳定的"注射"液滴中的很大部分液滴移动到了较为稳定的静止液滴中。这样液滴原本的对称形态被打破, 这样便形成了只有一个波沿着沟槽表面的振荡现象。

分析图 5.19 还可以发现, 由于液滴沿着沟槽进行振荡, 在一段时间之后, 整个液滴的接触线也会产生变化。由此可见, 液滴在平行沟槽表面的接触线相比于垂直沟槽表面更容易移动。为了研究融合过程中液滴整个接触线的变化规律, 首先在融合区域中定义了与接触线有关的坐标线(contact line), 见图 5.20。然后利用图像处理软件统计出不同时刻下, 液滴接触线两端的坐标, 结果见图 5.21。

图 5.20　接触线统计过程中的相关定义

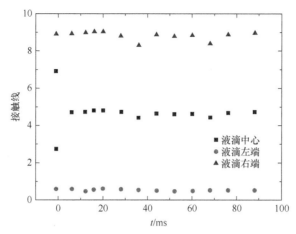

图 5.21　平行沟槽表面融合过程中液滴接触线振荡过程

　　分析图 5.21 可以发现，液滴的右边缘在融合过程中会产生较大的振动，而左侧边缘的振动幅度较小。这是由于静态时，静止的液滴位于左侧，其稳定性较好，而处于右侧的"注射"液滴在融合过程中会被吸引到另一侧，因此其接触线也随之变化。此外，在统计过程中还发现，液滴接触线波动与液滴的波动关系密切：当振动波向外侧传播时，液滴的接触线会外移，而当振动波向内侧传播时，液滴的接触线也随之向内侧移动。关于液滴在融合过程中的振动特性将在 5.4.2 节详细分析。

5.4.2　桥状物尺寸变化规律

　　液滴在平行沟槽表面融合时也会产生明显的桥状物。相比于垂直沟槽表面，这里的桥状物最早产生于壁面，然后迅速变高，将两个液滴联结起来。这里仍采用 h_{neck} 表示桥状物的高度，L 表示液滴之间的中心距。

　　由于液滴在平行沟槽表面融合时，液滴的摆动主要是在水平方向，因此在振荡时刻由于变形剧烈等因素液滴的桥状物也会随着消失。但是如果仅仅统计初期桥状物生成后几毫秒的变化情况又不能准确地给出液滴轮廓的波动情况。为此，本节统计了桥状物在外沿中点(图 5.22)在整个振荡过程中的高度变化规律，见图 5.23。

　　分析图 5.23 可知，液滴在平行沟槽表面融合过程中也伴随着振荡现象。但是，与垂直沟槽表面的振荡相比，平行沟槽表面的振荡周期更加平稳、漫长。这是由于不同沟槽方向对于液滴在融合过程中的影响造成的。在垂直沟槽表面，液滴沿水平方向的运动被抑制，因此，内部重要的振荡均集中于上下振荡。但是，在平行沟槽表面时，由于平行沟槽的滑轨作用，大部分液滴均被吸引到一侧，形成不均匀的液滴形貌，由于表面张力作用，体积较大的一侧又会被"拉"回来，变形成了图 5.23 所示的振荡规律。与此同时，内部振荡的能量也在传播过程中逐渐衰减，整个液滴也会逐渐趋于稳定。对比发现，液滴在平行沟槽表面达到稳定所需的时间较短。这是因为液滴的大部分已经分布于一侧，不会出现振动叠加形成的剧烈变形，因此，所需的平衡时间也逐渐降低。

统计点

垂直沟槽基底

图 5.22　平行沟槽表面桥状物统计点示意图

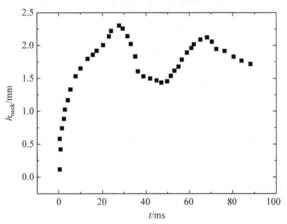

图 5.23　平行沟槽表面桥状物高度随时间变化规律

　　图 5.24 所示为液滴在平行沟槽表面融合过程中第一次振荡周期内的典型图片。其中(a)为上升过程典型图片，(b)为下降过程的典型图片。分析图 5.24(a)可以发现，在液滴融合后，"注射"液滴(右)将逐渐被吸引到静止液滴那一边(左)导致液滴的左右不均，并且这种不均随着时间的推移越来越明显。最后，"注射"液滴几乎全部被吸引到静止液滴的那一边(30ms)。但是此时的液滴由于分布不均其外形仍然不稳定，液滴又开始向右波动。此时液滴中心高度达到了极大值，并开始迅速回落，回落过程中有一小部分液体回到了右边(41ms)，大部分仍在左边。此时液滴的顶部轮廓呈一条斜线，统计点处的高度也随之下降直到最低(48ms)。此外，液滴下降所需的时间小于上升时间。这是因为液滴在下降时，受到了重力和表面张力的下拉作用，而液滴在上升过程中，是需要克服表面张力和重力的。第一次振荡过程结束后，液滴的形态仍然是不均匀的，因此这种形态并不能稳定存在，第二次振荡过程也随之开始。

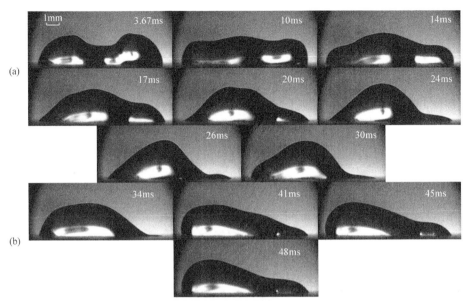

图 5.24　第一次振荡过程

　　图 5.25 为液滴第二次振荡过程。由于经历第一次振荡过程之后，液滴内部由于变形产生波动的能量已经极大地衰减，因此，第二次振荡的幅度较小，整个过程所需时间也较短。在上升过程中，仍然是两边的液体集中波动到了液滴中心位置，导致液滴高度上升。但不同的是，在这次的回落过程中，液滴较为均匀地回落到了两边，液滴的左右重新达到了近似对称的形态，液滴逐渐变得扁平，趋近于平衡状态，融合过程完成。

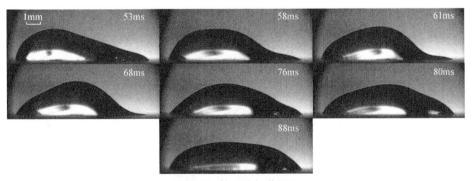

图 5.25　第二次振荡过程

5.4.3　液滴中心距对于融合的影响

　　5.4.2 节中研究了两个等大液滴(14μL)在平行沟槽表面的融合行为，两个液滴中心距为 4.2mm。本节继续保持静止液滴的体积不变，通过改变其与注射针头的距离，研究了在不同中心距(3.4mm，3.8mm，4.6mm，5mm)下两个液滴在平行沟槽表面的融合过程。

分析图 5.26～图 5.29 可以发现，由于不同的中心距导致融合的两个液滴体积不等，最终在变形过程中也会与等大融合过程具有明显的差异。在融合过程中，体积较大的液滴变形程度较大，而波动也主要发生在体积较大液滴的那一侧。此外，在平行沟槽表面，体积大的液滴更容易将体积较小的液滴吸引过来(L=3.4mm，3.8mm)。随着中心距进一步增大(L=4.6mm，5mm)，这种一个液滴吸引另一个液滴的现象渐渐减弱。这是因为在较大中心距下液滴的体积都较大(20μL 左右)，此时重力对液滴影响逐渐增大，液滴都处于较稳定的状态，即使发生融合，也不会像较小液滴那样被全部"拉"过去。

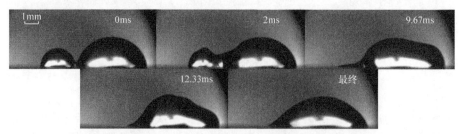

图 5.26　3.4mm 中心距下液滴的融合过程

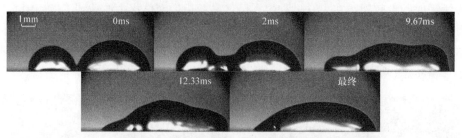

图 5.27　3.8mm 中心距下液滴的融合过程

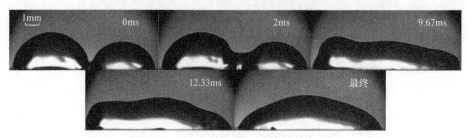

图 5.28　4.6mm 中心距下液滴的融合过程

整个液滴在融合过程中达到稳定的时间也与两个液滴间的中心距关系密切，中心距越大时两个液滴融合达到稳定所需的时间越长，这与垂直沟槽表面的现象类似。为了分析不同中心距下液滴在融合过程中的整个波动过程，这里仍采用 5.4.2 节中的统计方法对液滴中心点处的高度进行了统计，见图 5.30、图 5.31。

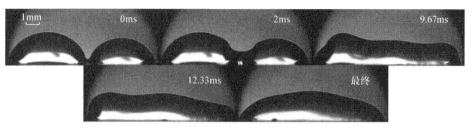

图 5.29　5mm 中心距下液滴的融合过程

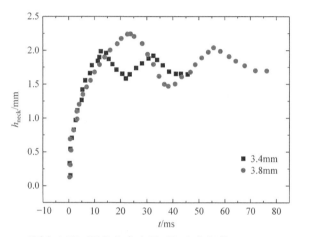

图 5.30　不同中心距下桥状物高度随时间变化规律(L=3.4mm，3.8mm)

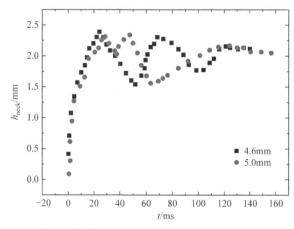

图 5.31　不同中心距下桥状物高度随时间变化规律(L=4.6mm，5mm)

分析图 5.30、图 5.31 可以发现，在不同中心距下，平行沟槽表面液滴的融合过程中仍存在波动现象，但是与垂直沟槽表面相比，液滴在波动过程的幅度较小。这是因为在平行沟槽表面液滴向两侧运动不受沟槽的制约，因此，在垂直方向的波动减弱。

中心距较小时，由于"注射"液滴体积最小，因此融合过程中所产生的波动最小。在其他中心距下(L=3.8mm，4.2mm，4.6mm，5mm)，尽管融合液滴的体积差异较大，但是液滴在振荡过程中所达到的最大高度却较为相近，这与液滴在垂直沟槽表面振荡幅度随间距增大而增大的现象具有明显区别。因此，相比于液滴中心距，沟槽方向是影响液滴振荡幅度的核心因素。

此外，在垂直沟槽表面存在的大液滴吸引小液滴的现象，也存在于平行沟槽表面的融合过程中。不同的是，这种大液滴吸引小液滴的现象存在于所有中心距下的融合过程。根据第 3 章中润湿特性的分析结果可知，在垂直沟槽表面，液滴融合区域处于 Wenzel 润湿模式，液滴若发生相互吸引需克服较大的阻力，只有较大的吸引力才会导致液滴的吸引现象。而在平行沟槽表面，液滴的相互吸引不再受到沟槽的抑制，相反顺吸引方向的微槽道会产生类似滑轨的作用，促进了液滴之间的相互吸引。因此，平行沟槽表面液滴极易发生相互吸引现象，由于"注射"液滴稳定性相对较差，融合过程中便被吸引到了静止液滴的那一边，如图 5.32 所示，轮廓为融合前"注射"液滴的轮廓。可以发现，在融合发生一段时间后，"注射"液滴被吸引到了静止液滴的那一边。

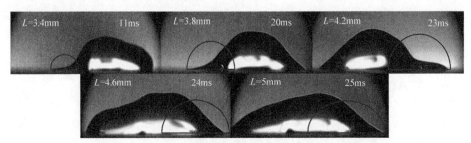

图 5.32　平行沟槽表面液滴融合过程中的吸引现象

5.5　液滴融合模型分析

图 5.33 所示为液滴融合过程示意图。其中液滴 1 和液滴 2 的半径分别为 R_1、R_2，液滴的直径随着融合过程而不断变化。液滴在融合过程中形成的桥状物宽度为 R_x，桥状物中心距离液滴 1、液滴 2 中心处的距离分别为 d_1、d_2。

根据几何关系可知：

$$R_x^2 = R_1^2 - d_1^2 \tag{5.1}$$

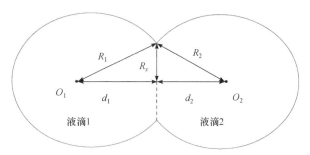

图 5.33　液滴融合过程示意图(俯视)

$$R_x^2 = R_2^2 - d_2^2 \tag{5.2}$$

注意到 $d_1 + d_2$ 即为液滴之间的中心距 L，因此联立式(5.1)和式(5.2)可得

$$R_1^2 + R_2^2 - 2R_x^2 - L^2 + 2\sqrt{\left(R_1^2 - R_x^2\right)\left(R_2^2 - R_x^2\right)} = 0 \tag{5.3}$$

当两个液滴等大，即 $R_1 = R_2 = R$ 时，上式可以进一步简化为

$$2R^2 - 2R_x^2 - L^2 + 2\left(R^2 - R_x^2\right) = 0 \tag{5.4}$$

为了简化模型，本节主要考虑两等大液滴的融合情况。由于液体内部的表面张力作用,两个液滴在融合过程中,其半径 R 也会随着时间的变化而变化。Tanner[6] 研究了由表面张力作用引起的薄膜流动过程中液滴半径的变化规律：

$$R = AT^\alpha \tag{5.5}$$

其中，A 为与液滴体积有关的常数，T 为传播过程的时间，α 为常数。文献[6]在给出式(5.5)的计算模型时，同时给出了较小尺度液滴(直径 1.5mm)在传播过程中所对应的 A 和 α 的值，分别为 1.476 和 0.1。但是 Narhe 等[7]发现，α 在液滴融合过程中并不是一成不变的，随着融合的进行，α 的值会稳定在 0.9 左右。该规律后来在 Schwartz 等[8]和 Diez 等[9]的研究中得到了证实。利用式(5.5)，将式(5.4)进一步简化得

$$R_x = \sqrt{A^2 T^{2\alpha} - \left(L/2\right)^2} \tag{5.6}$$

在液滴的融合过程中，其桥状物的变宽与变高是同时发生的，二者具有密切的关系[10]：

$$h_{\mathrm{neck}} = \theta_s R_x / 2 \tag{5.7}$$

其中，θ_s 为液滴静态接触角。式(5.7)即为液滴在融合过程中桥状物高度随时间变化的表达式。

很显然式(5.7)是一个增函数，因此该式仅能给出液滴在发生融合时，表面张力作用下桥状物增高规律，不能给出后来振荡过程中整个液滴高度的变化情况。

为了验证该模型在沟槽表面液滴融合过程中的适用性，利用式(5.7)求得了沟槽表面液滴融合产生的桥状物在"自然"增高过程(10ms)中随时间的变化规律，如图 5.34 中的实线所示，而试验统计结果仍由散点给出。

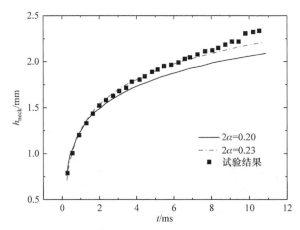

图 5.34　垂直沟槽表面液滴融合过程中桥状物高度变化规律

　　两个等大液滴(14μL)的中心距 L 通过图像处理获得，垂直沟槽表面为 3.688mm，平行沟槽表面为 4.104mm。对于本试验中涉及的液滴，文献中给出的 A 值不再适用，这是因为若 A 仍取 1.476，将导致在 T 较小时(<9ms)，根号内部值小于零而导致公式失效。为此，根据本试验中所采用的液滴体积，选取 A 值为 2.25。液滴在垂直沟槽表面和平行沟槽表面上的静态接触角分别为 110.7°和 75.43°。

　　分析图 5.34 可以发现，当 2α 取 0.2 时，理论预测值与试验结果散点的趋势相近但是重合度较差。为此，为了进一步完善理论模型，结合文献[10]的研究结果，取 $2\alpha = 0.23$，结果如图 5.31 中圆点曲线所示。可见，圆点曲线与试验结果散点的重合度非常好，表明当 A 取 2.25，2α 取 0.23 时，所建立的理论模型可以较好地描述垂直沟槽表面液滴融合过程中桥状物增大规律。

　　分析图 5.35 可以发现，当 2α 取 0.2 时，理论预测值与试验结果散点的趋势相近但是重合度很差。若像垂直沟槽表面那样取 $2\alpha = 0.23$，理论预测曲线与试验结果的重合程度有所改善，但是仍然较差。推测该现象的原因是，与液滴融合方向平行的沟槽更有利于液滴彼此间合并，这样液滴就不是仅在表面张力的作用下发生融合，因此仅考虑表面张力作用的模型已不能准确描述平行沟槽表面的融合情况。通过调整 2α 的值发现，在 2α 取 0.28 时，理论曲线与试验散点的重合关系较好，如图 5.35 所示。

　　分析图 5.34、图 5.35 还可以发现，随着时间的增大，理论曲线与试验散点之间逐渐偏离。这是因为，在融合一段时间后，液滴的融合其实已经完成，桥状物会越来越不明显，此时整个液滴某点的高度变化主要是由前期融合时候液滴形状变化产生的波动所导致，理论模型也不再适用。此外，对于两个液滴在平行沟槽表面的融合现象，在融合一段时间后，液滴的接触线也会发生轻微改变，因此导致两个液滴的中心距不再恒定，这也是导致理论预测曲线与试验结果重合度较差的原因。

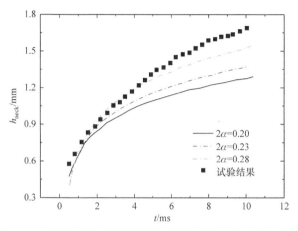

图 5.35　平行沟槽表面液滴融合过程中桥状物高度变化规律

液滴融合的整个物理过程十分复杂，尤其是后面的振荡过程，涉及表面张力、重力的作用，以及复杂的能量耗散。有关液滴在不同方向沟槽表面融合过程中的振荡规律，仍需进一步研究和探讨。

5.6　本　章　小　结

本章主要对液滴在沟槽表面的融合特性进行了试验研究，考察了沟槽方向和液滴中心距对于融合过程的影响。利用高速相机、注射泵以及高精度坐标台等设备搭建了试验平台，提出了在试验板中预埋注射针头来实现液滴融合的试验方法。试验结果表明，垂直沟槽表面对液滴在水平方向运动的抑制作用，整个融合过程会产生剧烈的波动，接触线不会发生明显的移动，而在平行沟槽表面这种波动则较为平缓，液滴的接触线也会出现轻微的振荡。结合已有的薄膜流动中的基础理论，建立了沟槽表面液滴融合过程中桥状物高度变化的理论模型，并利用试验数据验证了理论模型的准确性。本章所取得的相关研究成果将为沟槽表面在流体控制领域的工程应用提供重要参考。

参 考 文 献

[1] Rocha M A, Martínez-Dávalos A, Núñez R, et al. Coalescence of liquid drops by surface

tension[J].Phys. Rev. E, 2001, 63 (4 Pt 2): 046309.

[2] Mannuel Corral Jr. Controlling Drop Coalescence Using Nano-Engineered Surfaces[D]. Boston: MS dissertation, 2011.

[3] Narhe R, Beysens D, Nikolayev V S. Dynamics of drop coalescence on a surface: the role of initial conditions and surface properties[J].International Journal of Thermophysics, 2005, 26(6): 1743-1757

[4] Graham P J, Farhangi M M, Dolatabadi A. Dynamics of droplet coalescence in response to increasing hydrophobicity[J]. Physics of fluids, 2012, 24: 112105.

[5] Mehran M F, Percival J G, Choudhury N R, et al. Induced detachment of coalescing droplets on superhydrophobic surfaces[J]. Langmuir, 2012, 28: 1290-1303.

[6] Tanner L H. The spreading of silicone oil drops on horizontal surfaces[J].J. Phys. D, 1979, 12: 1473-1484.

[7] Narhe R D, Beysens D A, Pomeau Y. Dynamic drying in the early-stage coalescence of droplets sitting on a plate[J]. EPL, 2008, 81: 46002.

[8] Schwartz L W, Eley R R. Simulation of droplet motion on low-energy and hetero geneous surfaces[J].J. Colloid Interface Sci., 1998, 202: 173-188.

[9] Diez J, Kondic L, Bertozzi A L. Global models for moving contact lines[J]. Phys. Rev. E, 2000, 63: 011208.

[10] Sellier M, Trelluyer E. Modeling the coalescence of sessile droplets[J]. Biomicrofluidics, 2009, 3: 022412.

第6章 规则微沟槽表面液滴脱落特性

6.1 引 言

早在 1975 年开始便有学者对切向气流与平面上的圆球的相互作用进行了研究，并给出了绕流流场的解析。此后，更有众多的学者对切向气流作用下平板上的液滴运动进行了广泛研究。本章基于平板上液滴在切向风作用下的几种典型运动状态，主要对液滴的脱落特性进行介绍。首先，介绍了沟槽尺度、沟槽方向、液滴体积以及沟槽深度对于液滴脱落过程的影响规律。其次，在此研究基础上，利用液滴与气流相互作用及其变形受力的基础理论，结合沟槽表面液滴润湿各向异性建立了液滴在脱落过程中的受力平衡模型。最后，根据试验结果对液滴的受力进行了求解，并验证了模型的适用性。

6.2 试 验 方 法

6.2.1 试验系统

图 6.1 所示为本章试验系统示意图，主要由小型风洞、PC 机、高速摄像机、光源、散光板和医用注射泵等组成。

图 6.1 所示为小型抽吸式风洞实物图，风洞采用离心风机，这是因为：离心风机运转时，整个叶片翼都处于同一升力系数，因此相对于轴流风机更为稳定，在宽广的风流条件下(即改变风洞的功率因数)效率较高。此外，离心风机产生的噪声和振动较小，且风流更加均匀。风机接线盒外接一个旋钮式无级调压器控制风机转速，进而控制风洞主流区风速，试验中风洞内部风速范围为 0～20m/s。风洞采用有机玻璃制成，整体全透明，方便试验观测；试验段截面尺寸为 110mm×60mm，试验段长度为 300mm；试验段上方部分通过可拆卸的盖板密封，方便拆换试验用到的沟槽试件；风洞尾部为扩张段，通过硅胶套与风机紧密连接。

6.2.2 试验表面

本章采用类 LIGA 方法，在 2mm 厚铜板上加工出了 9 种平行沟槽表面(槽深 h =0.2mm，三种槽宽 S: 0.2mm、0.3mm、0.4mm，并分别具有三种槽间距 L: 0.2mm、

0.3mm、0.4mm)。每种表面的截面尺寸为 6cm×6cm。图 6.2 所示为显微镜下试件表面微沟槽形貌图。

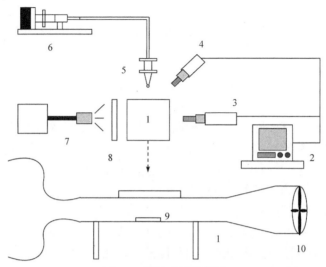

图 6.1　试验系统示意图

1—小型风洞；2—PC 机；3—高速摄像机 a；4—高速摄像机 b；5—针管；
6—医用注射泵；7—光源；8—散光板；9—试验微沟槽表面；10—离心风机

图 6.2　显微镜下沟槽表面

6.2.3　液滴静态和动态接触角度

　　壁面微结构会对液滴的静态接触角产生较大的影响。这里采用接触角测试仪对液滴在各个表面顺槽向、垂直槽向的静态接触角进行了测量，见图 6.3。其中

(a)、(b)均为视角平行于沟槽的结果，而(c)则为视角垂直于沟槽方向的结果。

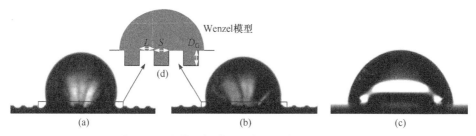

图 6.3 显微镜下部分沟槽表面液滴的静态接触角

分析图 6.3 可知，液滴在沟槽表面润湿性存在明显的各向异性。此外，液体明显深入到沟槽内部，因此试验过程中，液滴在沟槽表面应该呈 Wenzel 接触模式。图 6.3(d)为 Wenzel 模式示意图。

静态接触角仅仅是衡量液滴在固体表面流动特性的准则之一，判断液滴运动的难易程度时，还应该考虑它的动态过程，因为接触角不足以描述一个表面的疏水性，在 40 多年前，Furmidge[1]的研究中就有了接触角滞后的报道。

所谓的接触角度滞后，可用下面的试验来确定其数值：在固体表面上，用注射器缓慢地将水挤出来形成液滴。如果接触角度是唯一的，液滴接触线的长度会逐渐地增加。但实际上却不是这样：接触线保持固定，而接触角度逐渐增大。当停止挤压液体进入液滴时，接触角度保持不变，这个角度就是有可能观测到的多个角度之一[2,3]。

本节中设计了另一种机构来测量液滴在沟槽表面的前进角、后退角，见图 6.4。该机构主要由箱体、倾斜板、水平板子、合页、步进电机和配套丝杠组成。其工作原理如下：将丝杠一段固定于倾斜板下部的合页上，步进电机固定于水平板上的合页上，当单片机发送步进电机转动指令时，由于丝杠被固定死不能转动，便

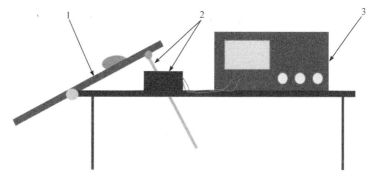

图 6.4 液滴前进、后退角测量装置
1—倾斜板；2—丝杠电机；3—单片机控制器

会产生垂直于电机孔的垂直运动，该运动带动倾斜板绕水平板运动，达到调控两板之间夹角的目的。

调节倾角直到液滴运动的临界状态，通过高速摄像机自动触发记录液滴运动的临界状态，而对应的前进角和后退角可以通过图像处理近似得到，见图 6.5。

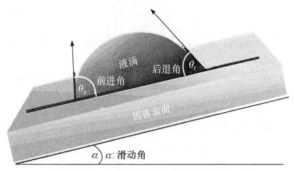

图 6.5　液滴的前进、后退角测量

本试验中测得的沟槽表面静态接触角及动态接触角如表 6.1 所示。

表 6.1　液滴在不同试件表面的静态接触角及前进角、后退角

表面编号	$C_{0.2}^{0.2}$	$C_{0.3}^{0.2}$	$C_{0.4}^{0.2}$	$C_{0.2}^{0.3}$	$C_{0.3}^{0.3}$	$C_{0.4}^{0.3}$	$C_{0.2}^{0.4}$	$C_{0.3}^{0.4}$	$C_{0.4}^{0.4}$
接触角/(°)	110.7	96.3	89.9	93.9	100.9	90.7	88.3	87.6	80
前进角/(°)	116	108	102	115	109	103	110	103	100
后退角/(°)	74	73	73	76	79	66	60	71	70
表面编号	$P_{0.2}^{0.2}$	$P_{0.3}^{0.2}$	$P_{0.4}^{0.2}$	$P_{0.2}^{0.3}$	$P_{0.3}^{0.3}$	$P_{0.4}^{0.3}$	$P_{0.2}^{0.4}$	$P_{0.3}^{0.4}$	$P_{0.4}^{0.4}$
接触角/(°)	75.43	78.72	69.97	71.96	67.61	63.97	66.37	71.47	60.12
前进角/(°)	100	98	95	97	92	86	84	93	84
后退角/(°)	56	61	62	56	54	51	51	57	48

6.2.4　试验流程

试验前先采用热线风速仪对风洞内部气流速度进行标定。试验中风速与电压的关系见图 6.6。分析图 6.6 可知，风洞内部风速与外接电压呈近似线性关系，因此试验过程中对应风速可以通过外接电压获得。

在试验中，将试验板固定在风洞底部。然后采用医用注射泵(注射速度 10ml/h)驱动注射器(20ml)内部液体从平头针头顶部脱离，轻轻落到试验板上。下落液滴的半径由针头的直径决定，可以由关系式 $\pi d\sigma=(4/3)\pi\rho gR^3$ 近似估计。这里 d 表示针头直径，R 为液滴半径。试验中针头直径为 0.6mm，代入后求得液滴半径近似为 1.5mm，此时液滴的体积近似为 14μL。试验中流体介质为蒸馏水(密度996kg/m³；表面张力 0.073N/m，黏性系数 0.001kg/ms)。

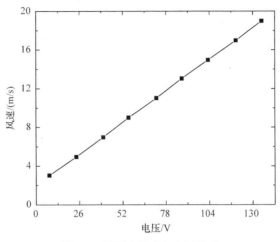

图 6.6　风洞中风速与电压关系

　　试验时，开启风机，调节变压器，缓慢提升风洞内部气流速度，直到液滴开始运动。与此同时，打开 CCD 摄像机，对液体运动状态实时记录。最后根据风速与电压的关系，计算出不同工况下液滴的脱落风速。摄像机拍摄速率为 20 帧/s，整个拍摄过程约为 45s。对于 10μL 单个液滴来说，在该类型风洞中蒸发量约为0.00026g/min[4]。在 45s 的试验过程中，蒸发作用下液滴的损失约为 2%，因此该试验中没有考虑蒸发的影响。

6.3　规则微沟槽表面液滴脱落行为

6.3.1　液滴脱落变形

　　图 6.7(a)所示为侧面拍摄到的切向风下液滴形状随时间的变化规律，图 6.8 则为风洞顶部得到的液滴形状变化规律。为了方便对比，同时给出了光滑表面液滴的形状变化。

　　分析图 6.7(a)和图 6.8 可知，液滴在不同沟槽表面的脱落行为与光板表面类似，可以分为四个阶段：静止阶段、振荡阶段、脱落阶段、连续运动阶段。但是，由于沟槽方向、沟槽尺寸等因素的影响，造成不同微沟槽板上液滴变形程度、形成尾迹尺寸、脱落风速等情况存在明显差异。不同分布微沟槽对液滴脱落的具体影响规律如下。

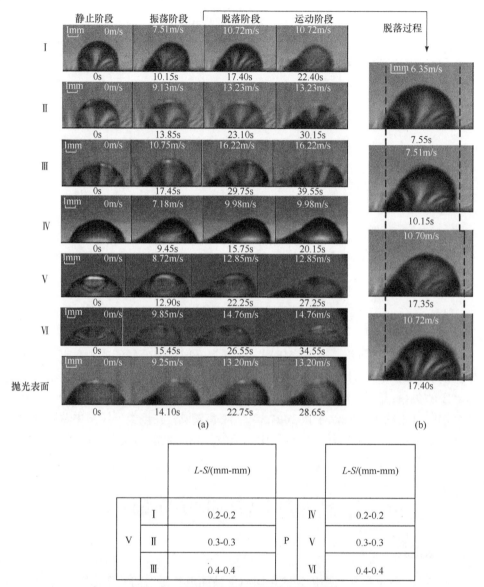

图 6.7　液滴在沟槽表面脱落过程(侧视)

（1）静止状态下，由于液滴在沟槽表面各向异性的独特润湿特性，导致液滴在垂直沟槽表面轮廓呈现优弧，而在平行沟槽表面呈现劣弧。与此同时，沟槽不同方向放置下，液滴在沟槽表面的静态接触角也有巨大差异(见表 6.1)。Mahé 等[5]以及 Fan 等[6]的研究表明，接触角大小与液滴在固体表面的脱落行为关系十分密切。有关接触角对于沟槽表面液滴脱落行为影响的理论分析将在 6.4 节详细介绍。

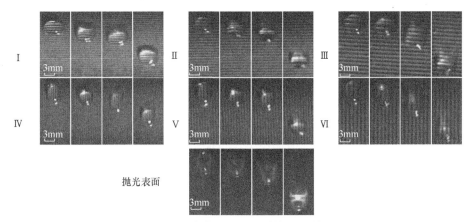

图 6.8　液滴在沟槽表面脱落过程(俯视)

(2) 随着风洞内部风速的提高，液滴将在沟槽板上产生振荡。但由于此时风速仍然较小，因此液滴并不会产生明显的运动。液滴振荡的频率随着风速的增大而增大。相同风速下，垂直沟槽表面上液滴的振荡频率明显大于平行沟槽表面。这是由于静止状态下，平行沟槽表面液滴接触线较长，因此导致液滴在振荡时的振幅较大，而此时驱动风速是恒定的，最终导致了振荡频率随沟槽方向产生显著的变化。

(3) 当风速进一步提高时，液滴的变形将不再仅仅是沿着接触线振荡，而是接触线前移，液滴向前运动(图 6.7(b))。接触线前移后液滴将形成一个即将连续运动的形状：背部隆起，前端饱满，这与运动员起跑时的准备姿势类似。猜测在该形状下，液滴自身表面张力所产生的阻碍运动的力最小，更加有利于液滴连续运动。因此接触线前移被定义为液滴脱落的标准，此时对应的风洞内部流场风速即为对应的脱落风速。

(4) 脱落瞬时之后，液滴便会在沟槽表面进行连续的运动。此时，液滴在沟槽表面上连续运动的形状与光滑表面类似(图 6.7(a)和图 6.8)。液滴的背部轮廓呈斜线，其斜率与沟槽的方向和尺寸有关。这里将液滴脱落时的尾迹长度定义为背部倾斜直线在沟槽表面的投影长度(图 6.9)，通过统计液滴的尾迹长度来表征沟槽

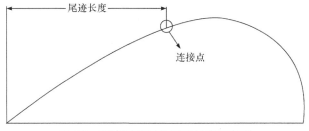

图 6.9　液滴脱落时的尾迹长度示意图

的方向及尺寸对液滴脱落的影响规律，统计结果则由图 6.10～图 6.12 给出。分析图 6.10～图 6.12 发现：在相同的沟槽方向下(垂直或平行)，液滴的尾迹长度随着沟槽尺寸的增加而增加；同种沟槽尺寸下，平行沟槽表面液滴脱落时所形成的尾迹明显大于垂直沟槽表面。

6.3.2　液滴脱落的临界风速

本试验中将液滴接触线的前移作为液滴脱落的标志(图 6.7(b))，并对脱落所需速度进行了记录。图 6.13～图 6.15 所示为不同尺度、不同放置方向沟槽表面液滴脱落所需的临界风速曲线，其中横坐标为沟槽尺寸，纵坐标为该工况对应的脱落风速。

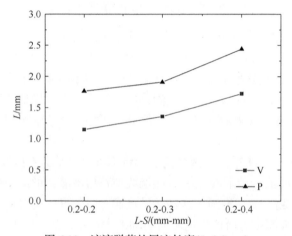

图 6.10　液滴脱落的尾迹长度(L=0.2mm)

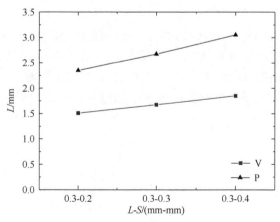

图 6.11　液滴脱落的尾迹长度(L=0.3mm)

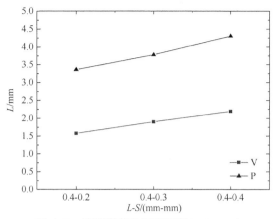

图 6.12　液滴脱落的尾迹长度(L=0.4mm)

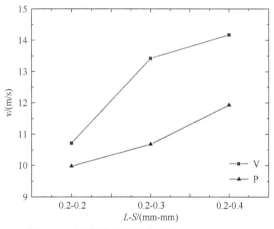

图 6.13　液滴脱落所需临界风速(L=0.2mm)

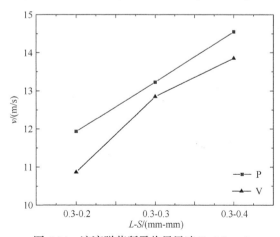

图 6.14　液滴脱落所需临界风速(L=0.3mm)

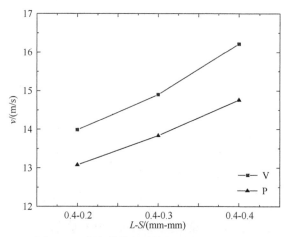

图 6.15　液滴脱落所需临界风速(L=0.4mm)

分析图 6.13～图 6.15 发现,在沟槽放置方向一定时(垂直或平行),液滴所需的脱落风速随沟槽尺寸的增大而增大。当沟槽尺寸增大时,液滴在沟槽表面的静态接触角降低(表 6.1),与沟槽表面的接触面积增大(图 6.7(a))。对于本试验,液滴的体积是恒定的(14μL),接触面增大时液滴的高度会降低,进而使液滴所受切向流的受力面积减小,因此液滴所需的脱落风速增大。此外,由于沟槽方向的不同,导致液滴受力不同:顺槽向时,沟槽呈导流作用;逆槽向时,沟槽呈抑制作用。因此,液滴在平行沟槽表面所需的脱落风速明显小于垂直沟槽表面。

影响液滴所需脱落风速的因素主要有两个:①液固接触线移动所需的力,该力与液滴运动时动态的前进角和后退角密切相关。在 Mahé 等[5]的计算中,将该力简化为与 $\cos\theta_r - \cos\theta_a$ 成正比的算式。其中,θ_r 和 θ_a 分别表示液滴运动过程中的后退角和前进角。②液滴运动所受的黏性阻力。在 Fan 等[6]的研究中,利用试验证明了黏性阻力在液滴脱落过程中的作用很小,可以忽略。由此可见,液固接触线上的受力将是液滴脱落行为理论分析的核心因素。

6.3.3　液滴体积对脱落行为的影响

液滴的体积是影响液滴脱落行为的重要因素[6],为此进一步开展了不同体积液滴在沟槽表面脱落行为的试验研究。除 14μL 体积外,另选了体积为 10μL、25μL、42μL 的液滴进行类似脱落试验。由于试验涉及的工况太多,为了减少试验工况,选择部分沟槽表面进行了脱落测试(L-S(mm-mm): 0.2-0.2; 0.2-0.3; 0.2-0.4;0.3-0.2; 0.4-0.2)。图 6.16～图 6.19 所示为不同体积液滴在沟槽表面所需脱落风速的散点图。

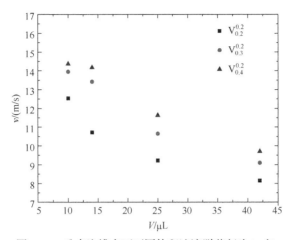

图 6.16　垂直沟槽表面不同体积液滴脱落行为(S 变)

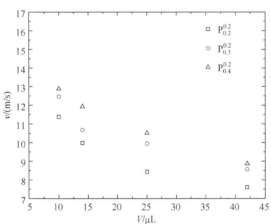

图 6.17　平行沟槽表面不同体积液滴脱落行为(S 变)

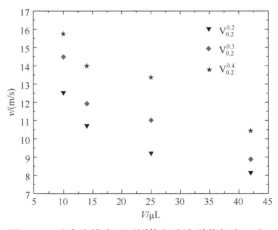

图 6.18　垂直沟槽表面不同体积液滴脱落行为(L 变)

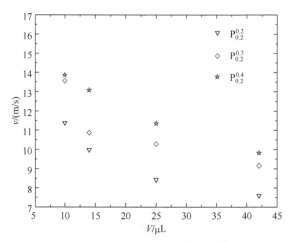

图 6.19　平行沟槽表面不同体积液滴脱落行为(L 变)

　　分析图 6.16~图 6.19 发现，在所有沟槽表面，液滴所需的脱落风速均随着液滴体积增大而增大。当液滴的体积由 10μL 增加到 25μL 时，脱落风速的降幅非常明显，但是由 25μL 增加到 42μL 时，脱落风速的降幅相对较小。这种规律可以通过引入重力的影响进行解释：当液滴体积较小时(10μL、14μL、25μL)，与润湿特性密切相关的表面张力是影响液滴运动主要因素，体积的变化会极大影响液滴的润湿特性以及液滴的表面张力；随着液滴体积的进一步增大(42μL)，重力作用下的摩擦阻力将逐渐成为主导因素，因此液滴所需的脱落风速也趋于平缓。

　　分析图 6.16~图 6.19 还发现，沟槽的方向具有明显的影响：相同体积液滴在垂直沟槽表面所需的脱落风速明显大于平行沟槽表面。当沟槽方向相同时，沟槽的宽度(L)和间距(S)会影响液滴所需的脱落风速。如图 6.16 和图 6.19 所示，在垂直沟槽表面，沟槽的宽度对于液滴所需脱落风速的影响程度远大于沟槽间距。推测该现象是由于沟槽宽度增加导致液滴在垂直沟槽表面启动所受到的阻力增大，但是间距的增加所带来的增阻效果相对而言并不显著。类似的现象在平行沟槽表面也存在，但没有垂直沟槽表面明显。

　　此外，本次试验中还发现液滴体积会影响脱落过程中液滴的尾迹。在垂直沟槽表面，当沟槽宽度(0.4mm)较大时，体积较大的液滴(25μL、42μL)在脱落时会形成均匀的小液滴，留在沟槽表面。破碎的小液滴都在微沟槽上，却不会留到肋板上，见图 6.20。该现象也间接证实了沟槽宽度对于脱落的影响效果远大于沟槽间距的影响效果。

6.3.4　沟槽深度对脱落行为的影响

　　在 6.2 节中已经证实，液滴在沟槽表面呈 Wenzel 接触模式，沟槽深度将影响液滴在沟槽表面的润湿特性。已有的研究结果[7]表明，液滴在固体表面的脱落行为与其润湿性密切相关，因此，沟槽深度将对液滴的脱落行为产生重要影响。为了探索沟槽深度对液滴脱落行为的影响规律，本节针对 6.1 节用到的沟槽表面(L-S(mm-mm)：0.2-0.2；0.2-0.3；0.2-0.4；0.3-0.2；0.4-0.2)，进一步加工了深度为 0.1mm、0.3mm 的沟槽表面。这里液滴的体积选择 25μL，保证随着沟槽尺寸及深度的增加，液滴仍可以覆盖较多的沟槽，提高沟槽的影响范围使结果更加准确。此外，根据 6.3.3 节的分析，该体积下液滴脱落受到重力影响较小。

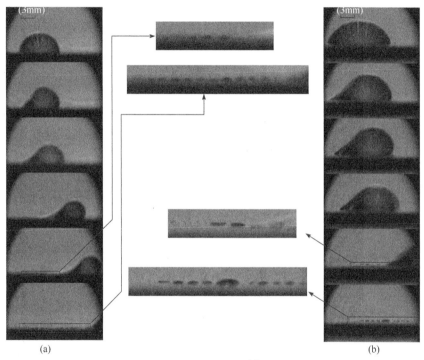

图 6.20　液滴在沟槽表面($V_{0.2}^{0.4}$)脱落时尾迹
(a) 25μL；(b) 42μL

图 6.21～图 6.24 为不同深度沟槽表面上液滴所需脱落风速的散点图，其中横坐标为沟槽尺寸，纵坐标为风速。分析图 6.21～图 6.24 可以发现，液滴所需的脱落风速随着沟槽深度的增加而增加。推测该现象是由于沟槽深度增加使得更多的液滴陷入沟槽内部，液滴受切向流作用面积变小，阻碍运动的力增大，脱落风速也因此增大。在垂直沟槽表面，如图 6.21、图 6.23 所示，在相同深度沟槽表面，沟槽宽度(L)对于脱落风速的影响明显大于沟槽间距(S)，液滴所需的脱落风速随沟槽宽度的增大而增大。该上升趋势在沟槽深度由 0.2mm 至 0.3mm 较 0.1mm 至 0.2mm 明显。在平行沟槽表面也存在类似的现象，但效果没有垂直沟槽表面明显。根据上述分析可知，沟槽宽度与沟槽间距相比，是影响液滴脱落的更为重要的因素。

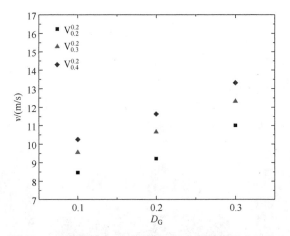

图 6.21　垂直沟槽表面不同槽深下液滴脱落风速(S 变)

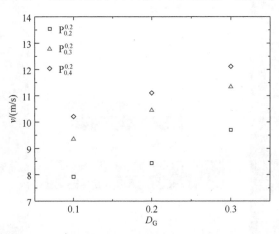

图 6.22　平行沟槽表面不同槽深下液滴脱落风速(S 变)

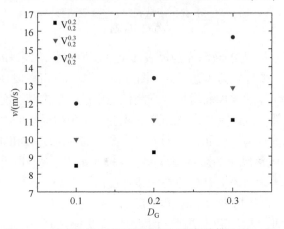

图 6.23　垂直沟槽表面不同槽深下液滴脱落风速(L 变)

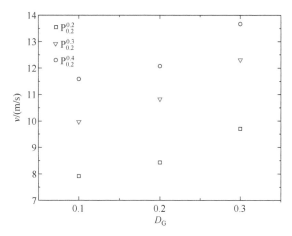

图 6.24　平行沟槽表面不同槽深下液滴脱落风速(L 变)

6.4　液滴脱落模型

6.4.1　沟槽表面液滴形状

液滴在理想固体表面上的形状为自身参量,与液滴的体积大小无关(假设环境很大,足以克服分子内作用力和线张力的影响)。但事实上,液滴在固体表面上的形状往往取决于其自身大小和固液润湿性。较小的液滴会形成半圆的帽状体,而较大的液滴可能由于重力的作用变得扁平。液滴能够保持圆球形状主要是由于其表面张力的收缩作用,将其维持在最小的表面面积,其表面能量(surface energy)为 γr^2 量级(r 为液滴的体积半径)。帽状液滴的重力势能为 $\rho g r^4$(其中 ρ 为液滴密度,g 为当地的重力加速度)。这样,当液滴的表面能量大于其重力势能时,液滴的重力势能可以忽略不计。即

$$\gamma r^2 > \rho g r^4 \tag{6.1}$$

从式(6.1)可得

$$r < \left(\frac{\gamma}{\rho g}\right)^{0.5} = k^{-1} \tag{6.2}$$

即液滴的体积半径小于 k^{-1}(定义为毛细管长度(capillary length))。毛细管长度对于大多数试验系统来说是毫米量级的。

于是就可以准确地定义较小的液滴(体积半径小于 k^{-1})与固体表面的接触角的半径 r,如图 6.25 所示。将液滴圆弧对应圆的半径定义为 R,根据几何关系可

知 $r = R\sin\theta$ ，该液滴的高度 $h = R(1-\cos\theta)$ 。液滴在滴落到固体壁面前的体积为 $\Omega = 4\pi R_0^3/3$ (R_0 为液滴滴落前球体半径)，而滴落后帽状液滴的体积[8]为 $\Omega = \pi(2 + \cos\theta)^{1/3}(1-\cos\theta)^2 R^3/3$ ，于是可得

$$r = 4^{1/3}\frac{\sin\theta}{(2+\cos\theta)^{1/3}(1-\cos\theta)^{2/3}}R_0 \tag{6.3}$$

对于本节中所采用的沟槽表面，由于润湿性的各向异性，液滴滴落后不再呈现圆形，而呈现类似椭球，如图 6.26 所示。

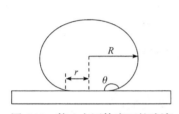

图 6.25　静止在固体表面的液滴

图 6.26　沟槽表面椭球形液滴

为了更准确地描述试验中液滴形状，这里假设液滴在沟槽表面呈椭球形，如图 6.27 所示。由于试验中涉及不同放置的沟槽方向，这里定义了 x 轴和 y 轴，x 轴正方向与风向相同，y 轴正方向则与侧面视角方向相同。r_x 和 r_y 分别表示液滴滴落到沟槽表面时的接触半径。θ_x 为垂直风向观测到的液滴与沟槽的接触角，θ_y 为顺风向观测到的液滴的接触角(即液滴的侧面的接触角)，$\theta(\alpha)$ 为液滴与沟槽表面接触面(椭圆形)的扇形角度为 α 时，液滴所成椭球体所对应的接触角。H 为椭球体的高度。

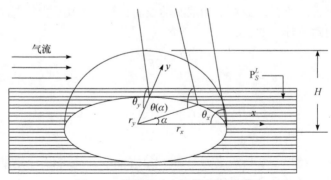

图 6.27　液滴静止在沟槽表面示意图

仿照式(6.3)的计算过程，可以进一步求得 r_x 和 r_y ：

$$r_y = \left[\frac{4\sin^3 \theta_y}{\left(2 + \cos\theta_y\right)\left(1 - \cos\theta_y\right)^2} \right]^{\frac{1}{3}} R_0$$

$$r_x = \left[\frac{4\sin^3 \theta_x}{\left(2 + \cos\theta_x\right)\left(1 - \cos\theta_x\right)^2} \right]^{\frac{1}{3}} R_0$$

(6.4)

6.4.2　沟槽表面液滴受力平衡模型与受力(含两种力)

图 6.28 为切向流下液滴的受力示意图。其中 F_p 为压差作用力，F_S 为黏性作用力，F_C 是液滴在变形时由于表面张力所产生的力，又称为毛细力(capillary force)，F_D 代表通道内部剪切气流作用在液滴上的剪切拖拽力。根据受力平衡：

$$F_C + F_S = F_D + F_p$$

(6.5)

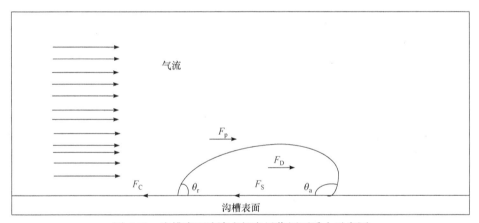

图 6.28　沟槽表面液滴在切向风作用下受力示意图

Hao 等[8]指出，当液滴的尺寸远小于通道壁面的高度时，压差作用力 F_p 可以忽略。而根据 Fan 等[6]的试验结果可知：液滴在脱落时黏性力 F_S 所占整体受力的比重很小，近似可以忽略。因此，液滴在切向风作用下的受力平衡模型可简化为

$$F_C = F_D$$

(6.6)

6.4.3　沟槽表面液滴毛细力

液滴脱落时刻所受的毛细力 F_C 可以写成如下形式[9]：

$$F_C = 2\sigma \int_0^\pi r(\alpha)\cos\theta(\alpha)\mathrm{d}\alpha$$

(6.7)

其中，σ 为液体表面张力，$r(\alpha)$ 为液滴与沟槽表面接触面(椭圆形)的扇形角度为

α 时，液滴所成椭球体所对应的接触面的半径。

对于理想壁面，存在如下假设：①假设液滴与固体表面接触线为圆形，$r(\alpha)$ 为定值 r，r 为液固接触线半径；②假设 $\theta(\alpha)$ 在前半部和后半部均为定值 θ_a 和 θ_r，θ_a 和 θ_r 分别为液滴的前进角、后退角。在此基础上，方程(6.7)可简化为

$$F_C = \pi r \sigma \left(\cos \theta_r - \cos \theta_a \right) \tag{6.8}$$

式(6.8)正是 1978 年 Wolfram 等[9]提出的简化的临界接触线变形力公式。此后在文献[8]的推导过程中也采用了该公式，但是 Fan 等[6]提出该模型的缺陷：在 $\alpha = \pi/2$ 和 $3\pi/2$ 的位置，即液滴的两个侧面，液滴与固体表面的接触角度无法保持连续性。对于 $\theta(\alpha)$ 项，他们采用了 $\theta(\alpha) = \theta_a + (\theta_r - \theta_a)\alpha/\pi$ 的更符合实际物理现象的表达式，并对液滴在固体表面的受力进行了推导，取得了较好的效果。

对于在具有微沟槽固体表面的液滴而言，现有的毛细力计算公式存在两个问题：①沟槽固体表面接触线不再是圆形，因此对于方程中的 $r(\alpha)$ 项不能采用定值处理；②由于表面润湿特性存在各向异性，$\theta(\alpha)$ 不能再由一个线性公式处理，这样也会出现接触角无法保持连续性的情况。例如，当风向与沟槽方向平行时，在 $\alpha = \pi/2$ 和 $3\pi/2$ 的位置，由于润湿性的各向异性，液滴侧面的接触角较大，接触角的变化并不是单调的线性函数，因此使用线型方程表征 $\theta(\alpha)$ 已不再符合实际物理现象。

针对这两个问题，论文建立了剪切流驱动下液滴在具有规则微沟槽固体表面的毛细力模型。根据液滴的接触角测试结果，可知液滴在微沟槽表面的接触线近似为椭圆形，假设该接触线 y 方向轴的长度为 r，其 x 方向的轴长为 y 方向轴长度的 n 倍，即 nr，根据椭圆方程：

$$\frac{x^2}{(nr)^2} + \frac{y^2}{r^2} = 1 \tag{6.9}$$

其中，$x = r(\alpha)\cos\alpha$，$y = r(\alpha)\sin\alpha$，$r(\alpha)$ 为液滴接触椭圆面的扇形角度为 α 位置上的点到椭圆心的距离，即椭圆的极半径。将 x，y 表达式代入式(6.9)中得

$$r(\alpha) = \frac{nr}{\sqrt{\cos^2\alpha + n^2\sin^2\alpha}} \tag{6.10}$$

其中，液滴椭圆接触线轴长之比 n 可以表示为

$$n = \frac{r_x}{r_y} \tag{6.11}$$

下面推导 $\theta(\alpha)$ 项，由沟槽表面的接触角各向异性特点可知，顺沟槽和垂直沟槽方向观测到的液滴接触角是不同的。假设切向风作用时，液滴侧面的静态接触

角为 θ_y，前进角为 θ_a，后退角为 θ_r，如图 6.28 所示。由于液滴受切向风的作用会发生变形，假设其变形的角度为 $\Delta\theta$，由文献[15]的推导可知气液作用时 $\Delta\theta$ 较小，在进行 $\theta(\alpha)$ 项的推导时，近似认为 $\Delta\theta$ 为零，即假设脱落的临界状态下液滴侧面的接触角 θ_y。对 α 在 $(0,\pi/2)$ 范围内的 $\theta(\alpha)$ 采用线性关系式：

$$\theta(\alpha) = \theta_a + \frac{2(\theta_y - \theta_a)}{\pi} g\alpha \tag{6.12}$$

类似地，对 α 在 $(\pi/2,\pi)$ 范围内的线性关系式为

$$\theta(\alpha) = \frac{2(\theta_r - \theta_y)}{\pi} g\alpha + 2\theta_y - \theta_r \tag{6.13}$$

将式(6.10)、(6.11)、(6.12)、(6.13)代入式(6.7)，得到毛细力 F_C 表达式如下：

$$
\begin{aligned}
F_C = {} & 2\sigma \int_0^{\frac{\pi}{2}} \frac{nr}{\sqrt{\cos^2\alpha + n^2\sin^2\alpha}} \cos\left[\theta_a + \frac{2(\theta_y - \theta_a)}{\pi}\alpha\right] \mathrm{d}\alpha \\
& + 2\sigma \int_{\frac{\pi}{2}}^{\pi} \frac{nr}{\sqrt{\cos^2\alpha + n^2\sin^2\alpha}} \cos\left[\frac{2(\theta_r - \theta_y)}{\pi}\alpha + 2\theta_y - \theta_r\right] \mathrm{d}\alpha
\end{aligned}
\tag{6.14}
$$

　　为了验证推导过程中沟槽表面接触角线性变化假设的合理性，利用接触角测量仪，对两种沟槽表面(L-S(mm-mm)：0.2-0.2，0.4-0.2)相对载物台呈不同倾角时的接触角进行了测量(14μL)，如图 6.29 所示。

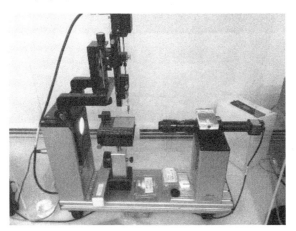

图 6.29　沟槽表面接触角线性假设验证

　　验证试验中，沟槽与载物台之间的夹角 θ 如图 6.30 所示。图 6.31 和图 6.32 则给出两沟槽表面在不同倾角下接触角的散点图，并进行了线性拟合。

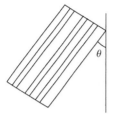

图 6.30 沟槽与载物台夹角示意图

分析图 6.31 和图 6.32 可知, 液滴在沟槽表面的静态接触角随着沟槽方向与载物台的夹角的变化而呈不规则的变化, 采用线性方程可以近似表征其变化趋势。尽管采用线性方程表征接触角的变化仍然具有一定的局限性, 但是远比方程(6.8)中所采用的线性假设更加符合实际物理现象。因此, 论文推导过程中对于接触角线性假设的处理是合理的。

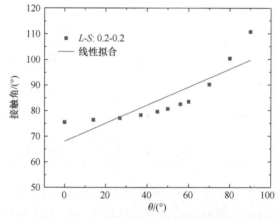

图 6.31 *L-S*: 0.2-0.2 型沟槽表面接触角线性拟合

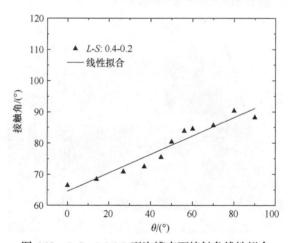

图 6.32 *L-S*: 0.4-0.2 型沟槽表面接触角线性拟合

6.4.4 沟槽表面液滴拖曳力

关于切向风对液滴的拖曳力作用, 国内外学者对其进行了大量的研究[10-12],

文献[10]中提出了使用算式 $F \cong 10\pi\mu\gamma R_0^2$ 来描述切向风对于液滴的拖拽力，其中 μ 为空气的动力黏性系数，R_0 为滴落前液滴的体积半径。与此不同，文献[11]中提出了 $F = k(6\pi R_0\mu\nu)$ 的算式，其中 k 为壁面修正系数，ν 为剪切流流速。此后，Mate 等[12]在研究固体壁面上的液滴受到脉冲式剪切力作用时发现液滴所受的剪切拖拽力与 $\mu\gamma R^2$ 成正比，其中 γ 为壁面剪切率，R 为液滴滴落后所成圆弧的半径。2008 年，Sugiyama 等[13]进一步对固体壁面半球状液滴所受剪切拖拽力进行了推导，修正了 Mate 等[12]提出算式的比例系数，提出：

$$F = 4.3\pi k\mu\gamma R^2 \tag{6.15}$$

其中，壁面剪切率 γ 可以写成：

$$\gamma = \frac{\mathrm{d}\nu}{\mathrm{d}H} \tag{6.16}$$

根据无滑移边界条件，壁面剪切率 γ 可以近似写成：

$$\gamma = \frac{\Delta\nu_{\mathrm{air}}}{\Delta H} \tag{6.17}$$

其中，H 为液滴在沟槽表面的高度。分析图 6.3 可知，视角与沟槽方向平行观测时(即沟槽方向与风速垂直)，液滴在沟槽壁面的轮廓更接近圆弧，因此液滴的高度可以表示为

$$H = R_y\left(1 - \cos\theta_y\right) \tag{6.18}$$

其中，R_y 为液滴垂直于风向截面轮廓对应圆弧的半径，根据 6.3.1 节的几何关系可知：

$$R_y = \left[\frac{4}{\left(2 + \cos\theta_y\right)\left(1 - \cos\theta_y\right)^2}\right]^{\frac{1}{3}} R_0 \tag{6.19}$$

将式(6.17)、(6.18)、(6.19)代入式(6.15)可得拖拽力 F_{D} 表达式：

$$F_{\mathrm{D}} = \frac{4.3\pi k R_y\mu\nu}{1 - \cos\theta_y} \tag{6.20}$$

最终根据 6.3.2 节中所建立受力平衡方程(6.6)可得

$$\frac{4.3\pi k R_y\mu\nu}{1 - \cos\theta_y} = 2\sigma\int_0^{\frac{\pi}{2}} \frac{nr}{\sqrt{\cos^2\alpha + n^2\sin^2\alpha}} \cos\left[\theta_a + \frac{2\left(\theta_y - \theta_a\right)}{\pi}\alpha\right]\mathrm{d}\alpha$$

$$+ 2\sigma\int_{\frac{\pi}{2}}^{\pi} \frac{nr}{\sqrt{\cos^2\alpha + n^2\sin^2\alpha}} \cos\left[\frac{2\left(\theta_r - \theta_y\right)}{\pi}\alpha + 2\theta_y - \theta_r\right]\mathrm{d}\alpha$$

$$\tag{6.21}$$

6.4.5　沟槽表面液滴脱落模型验证

上文对于切向风作用下液滴的受力进行了详细的分析，并给出了受力的表达式，本小节将结合试验结果与推导表达式对上文建立的力学模型进行验证。利用表 6.1 中的试验数据，结合液体体积等已知参数，利用式(6.14)可以求得液滴所受的毛细力 F_C。对于拖拽力算式(6.20)，除去壁面修正系数 k 之外，所有参数均可求得。由于壁面修正系数 k 为常数，根据受力平衡方程(6.21)可知，算式 $4.3\pi R_y \mu v /(1-\cos\theta_y)$ 的值应该与毛细力 F_C 的值具有线性关系。图 6.33 所示为液滴体积为 $14\mu L$ 时，所受的毛细力 F_C 和 F_D/k 的散点图。为了方便对比，同时给出了毛细力由式(6.8)求得后所对应散点。所有散点图均给出了线性拟合的结果。

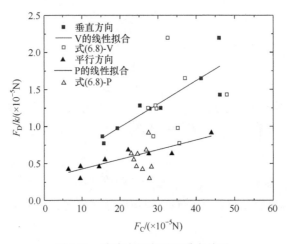

图 6.33　液滴在切向风下受力关系

分析图 6.33 可知，由式(6.8)求得的毛细力与计算得到 F_D/k 的值无明显的线性关系，这与线性受力平衡方程相违背，说明这种理想表面的假设模型对于沟槽表面液滴的受力情况并不适用。由式(6.14)所建立的液滴对于平行、垂直于切向风下放置的沟槽表面的受力分析模型所确定的液滴受力散点之间具有较好的线性关系，这与受力平衡方程相吻合。

此外，采用受力模型计算的结果可知沟槽表面垂直风向放置时，液滴所受到的毛细力明显大于平行风向放置下的受力；而试验中，沟槽表面垂直放置风向放置时，液滴也需要更大的切向风作用才能脱落，理论模型与试验结果是相符的。因此，本节建立的受力模型，对于描述沟槽表面的液滴脱落过程中的受力情况是合理有效的。但是，该模型在推导中由于忽略了一些作用力导致部分散点与拟合曲线的偏差。相信随着对沟槽表面液滴受力的深入研究，液滴在沟槽表面的受力模型将更加完善。

6.5 本 章 小 结

本章介绍了切向风作用下液滴在沟槽表面的脱落行为,分别考察了沟槽尺度、沟槽方向、液滴体积以及沟槽深度对于液滴脱落过程的影响规律,利用液滴与气流相互作用及其变形受力的基础理论,结合沟槽表面液滴润湿的各向异性,建立了沟槽表面液滴在脱落过程中的受力平衡模型,并推导出了液滴所受毛细力和拖拽力的求解算式。最后利用试验数据液滴的受力进行了求解,并考察了理论模型的适用性。结果表明,理论模型与试验结果一致性较好,所建立的模型合理有效。液滴在沟槽表面与常规壁面不同的脱落规律在 PEMFC 排水领域[14]和一些制冷系统[15]中具有很好的潜在应用前景。

参 考 文 献

[1] Furmidge C G L. Studies at phase interfaces: the sliding of liquid drops on solid surfaces and a theory for spray retention[J]. J Colloid Sci, 1962, 17: 309-324.

[2] Johnson R E, Dettre R H. Contact Angle, Wettability and Adhesion [M]. Washington, DC: American Chemical Society, 1964: 112-135.

[3] Dettre R H, Johnson R E. Contact Angle, Wettability and Adhesion[M]. Washington, DC: American Chemical Society, 1964: 136-144.

[4] Sommers A D, Ying J, Eid K F. Predicting the onset of condensate droplet departure from a vertical surface due to air flow-applications to topographically-modified, micro- grooved surfaces[J]. Experimental Thermal and Fluid Science, 2012, 40: 38-49.

[5] Mahé M, Vignes-Adler M, Adler P M. Adhesion of droplets on a solid wall and detachment by a shear flow: I. Pure systems[J]. Journal of Colloid and Interface Science, 1988, 126 (1): 314-328.

[6] Fan J, Wilson M C T, Kapur N. Displacement of liquid droplets on a surface by a shear ing air flow[J]. Journal of Colloid and Interface Science, 2011, 356: 286-292.

[7] Rahman M A, Jacobi A M. Wetting behavior and drainage of water droplets on microgrooved brass surface[J]. Langmuir, 2012, 28(37): 13441-13451.

[8] Hao L, Cheng P. An analytical model for micro-droplet steady movement on the hydrophobic wall of a micro-channel[J]. International journal of heat and mass transfer, 2010, 53: 1243-1246.

[9] Wolfram E, Faust R. Liquid drops on a tilting prare, contactanglehysteresisandthe Youngcaontacactangel.//Padday J F. Wetting, Spreading and Adhesion. New: Academic, 1978: 213-222.

[10] Shapira M, Haber S. Low reynolds number motion of a droplet in shear flow including wall effects[J]. International Journal of Multiphase Flow, 1990, 16: 305-321.

[11] O'Neill M E. A sphere in contact with a plane wall in a slow linear shear flow. Chemical engineering[J]. Science, 1968, 23: 1293-1298.

[12] Mate A, Masbernat O, Gourdon C. Detachment of a drop from an internal wall in a pulsed liquid-

liquid column[J].Chemical Engineering Science, 2000, 55: 2073-2088.

[13] Sugiyama K, Sbragaglia M. Linear shear flow past a hemispherical droplet adhering to a solid surface[J]. J. Eng Math., 2008, 62: 35-50.

[14] Yang X G, Zhang F Y, Lubawy A L, et al. Visualization of liquid water transport in a PEFC, electrochem[J]. Solid-State Lett, 2004, 7(11): A408-A411.

[15] Sugiyama K, Sbragaglia M. Linear shear flow past a hemispherical droplet adhering to a solid surface[J]. J. Eng Math., 2008, 62: 35-50.

第 7 章　基于亲水轨道的液滴稳定导引

7.1　引　　言

　　液滴运动的调控在理论研究和工程应用领域具有重大的研究价值，近年来，有大量学者对其进行了深入研究[1-10]。由润湿性概念可知，亲水材质的表面能较大，对液滴的束缚力也较强。本章主要介绍基于亲水轨道的液滴稳定导引方法，将采用接触角分别为 28°的载玻片、接触角为 63°的 PMMA 以及亲水钢丝与纤维丝。不论轨道采用载玻片还是 PMMA 等材料，液滴在运动时都会留下很明显的尾迹而造成质量损失；这种导引虽然存在质量损失，但也有自身的优势，即液滴导引过程一般较为稳定且无法脱轨，且适用范围很广，故又称其为稳定导引方法。此外，该稳定导引方法受轨道加工方法的影响较大，虽然基于润湿阶跃方法的导引轨道和机械加工方法的导引轨道都可以实现导引，但具体的情况却大相径庭。本章将详细介绍这些基于亲水轨道的液滴导引方法的运动规律。

7.2　试　验　方　法

7.2.1　重力试验系统

　　重力试验系统是基于重力作用下的试验系统，如图 7.1 所示，重力试验系统主要由重力式角度控制器、液滴发生装置、高速摄像机、背景光源和光学试验台等部分组成。

　　控制液滴体积的方法有两种：第一种是采用移液计来产生目标体积的液滴，这种方法产生的液滴体积具有连续性，但不能够连续高效产出同一体积的液滴，且产出的最精确的体积范围是 15～50μL；第二种方法是采用不同直径的针头控制液滴的大小，每个针头只能产出一个体积的液滴，且液滴的体积不连续，但将针头与液滴发生器相结合，便可以高效地产出同一体积的液滴，使试验效率大大提升。附录表 4 给出了不同规格的针头与所产出的液滴体积关系对应表。

　　重力试验系统的核心是重力式角度控制器。基于该系统，探索液滴运动所需夹角和各个变量之间的关系。从对重力式角度控制器的试验需求出发，可以更加充分地了解该重力式角度控制系统。

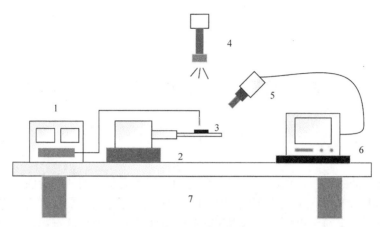

图 7.1　重力试验系统示意图

1—液滴发生装置；2—重力式角度控制器；3—试件；4—背景光源；
5—高速摄像机；6—PC 机；7—光学试验台

在试验中，需要改变两个角度变量：其一是改变轨道所在平面和水平面之间的夹角θ，又称轨道俯仰角；其二是同一倾斜平面下(θ值一定时)轨道方向和重力在该倾斜平面上的分量方向之间夹角β，又称轨道偏角。通过改变这两个夹角，来测试不同角度下液滴启动和脱落时所需角度的导引范围，从而判断液滴导引方法的优劣(图 7.2)。

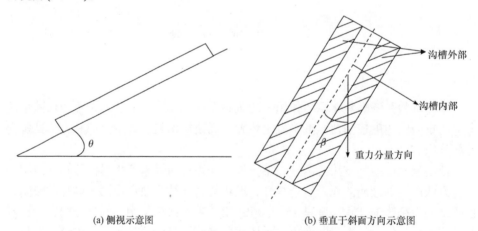

(a) 侧视示意图　　　　　　　　　　　　　(b) 垂直于斜面方向示意图

图 7.2　试验装置角度测试示意图

基于对两个变量的调控需求，对重力式角度调控装置进行了设计和组装。液体摩擦阻力试验装置装配图见图 7.3，该装置主要包括电机、减速箱、舵机和轴承装置等部分。轴承通过定位孔固定在光学平台上，轴段非螺纹段通过梅花弹性联轴器和 57 行星减速器连接。旋转试验板 1 的尺寸为 180mm×180mm×6mm，可实

现对 θ 的调控；旋转试验板 2 的尺寸为 160mm×80mm×5mm，可实现对 β 的调控；旋转试验板侧边开孔，用于和连接件相连。平板均采用 PVC 塑料制作。

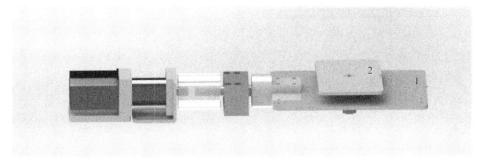

图 7.3 液体摩擦阻力试验装置装配图
1 和 2 均为旋转试验板

试验装置的工作方式为：通过行星减速器减速，可以更加精细地控制步进电机的速度。电机的运动将通过连接件传输到旋转部分，实现对旋转试验板 1 的控制；在垂直于旋转平板的平面内，通过舵机实现对旋转试验板 2 的控制，舵机旋转范围为 0°~180°。将试验板固定在旋转试验板 2 上，电机调节所需的倾斜角度，观察液滴的运动情况。在测试过程中，电机自锁保持倾斜角度稳定，使角度数据更加可靠。

最后，对组装好的试验装置进行了重复性测试。结果表明，装置的最大角度偏差不超过 1.5°，角度的理论值和实际值相比，偏差在 5% 以内，说明该试验测试系统具有较好的准确性(图 7.4)。

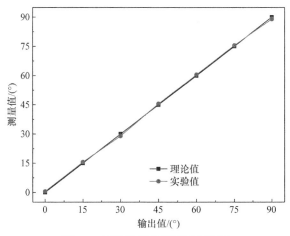

图 7.4 试验装置角度测试实物图

7.2.2　风洞试验系统

风洞试验系统是基于切向风作用下的液滴导引测试装置，其核心是风洞。基于该系统探索液滴运动所需风速和各个变量之间的关系。与重力试验系统类似，风洞试验系统主要由风洞、高速摄像机、PC 机、液滴发生装置、离心风机、背景光源、万用表和风洞试验台等部分组成(图 7.5)。

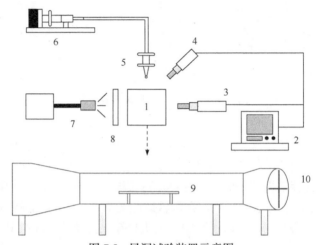

图 7.5　风洞试验装置示意图

1—风洞；2—PC 机；3 和 4—高速摄像机；5—针管；6—医用注射泵；
7—指导光源；8—散光板；9—风洞试验台；10—离心风机

图 7.6 为小型风洞模型的实物图。该小型风洞主要由稳定段、线型收缩段、试验段(含盖板)、过渡段、软管以及风机六部分组成。制作风洞的材料主要为PMMA。

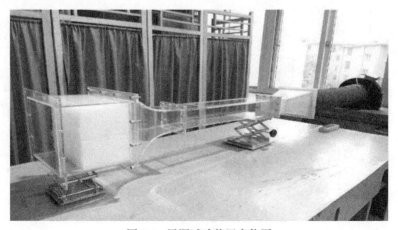

图 7.6　风洞试验装置实物图

　　试验段是风洞的主体，规格为 662 mm×100 mm×100 mm；试验段内部放置有小测试台，距试验段底部 40mm，通过将小试验台和风洞底板用螺柱相连接来固定小试验台。由于理论上风洞中心处的流场最为稳定，设置小试验台可保证试验数据更加精确。线型收缩段总长为 270 mm，该段曲线选用维多辛斯基曲线，曲线方程是

$$R = \frac{R_2}{\sqrt{1 - \left[1 - \left(\dfrac{R_2}{R_1}\right)^2\right] \dfrac{\left(1 - \dfrac{3x^2}{a^2}\right)^2}{\left(1 + \dfrac{x^2}{a^2}\right)^3}}} \tag{7.1}$$

其中，R 为轴向距离 x 处的半径，L 为线型收缩段长度，R_1、R_2 为线型收缩段两端的直径。在稳定段和试验段的最右侧的底部分别有两个可调节高度的支架支撑着，使风洞的各个部分的轴线处在同一水平线上。

　　试验时采用离心风机作为动力源，保证流场更加稳定和均匀，效率更高；采用吸入风，使得流场更加稳定。风机外接一个量程为 0～240V 的旋钮式调压器，可通过调节电压来调节风速。风机的启动电压为 38V，因此风洞内可测得的最低风速为 0.993m/s。试验使用万用表来测量电压。

　　电压和风速之间具有一定的函数关系。为确定风洞的电压和风速的关系，使用热线对风速进行了标定。试验方法概述如下：热线的探针固定在距底面 20 mm、距风洞试验段入风口处 300 mm 位置；每隔 5V 测定一个数据，稳定时间为 2s，取两次测量的平均值为最终数据。风速-电压关系图见图 7.7。

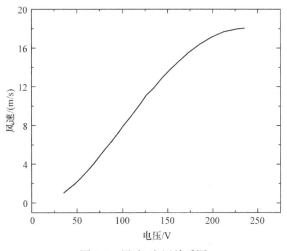

图 7.7　风速-电压关系图

为检测风洞流场的品质，使用热线对各个高度的风速进行检测，以反映风速场的作用强度。风洞内部流场品质的测定结果见图 7.8。

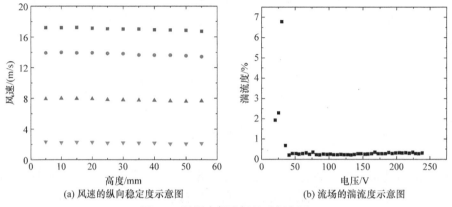

(a) 风速的纵向稳定度示意图　　　　　　　(b) 流场的湍流度示意图

图 7.8　风洞内部流场品质判定图

首先选取风洞试验段内 0～45cm 之间每隔 5cm 取点，测试这些不同高度下的平均速度，以此作为一个参量来衡量风洞试验段内风速的纵向稳定度。经测试，得到图 7.8(a)所示的速度分布图，从图中的信息可知，风洞内风速的纵向稳定度良好，有利于试验的进行。

随后，作者还使用热线风速仪检测了此风洞试验段内部的湍流度大小，得到如图 7.8(b)所示的湍流度的分布图。从图中我们可以看到，当电压低于 40V 时，风洞的湍流度非常高；但当电压逐渐增大后，其湍流度骤减，当电压增大到 40V 以上时，风洞的湍流度便远小于 1%，这证明当电压大于 40V 时，风洞处在流态良好的低湍流度层次。该试验结果也说明，为使得试验数据更加准确，应在电压大于 40V 的区间测量数据，唯有如此，才能使数据的准确性得到良好保证。

在试验中，可改变轨道和切向风之间的夹角 α (图 7.9)来测试不同角度下液滴启动和脱落时所需风速的大小，给出液滴的可导引范围，从而判断液滴导引方法的特点。

7.2.3　两种试验系统的比较

在经过大量的试验后，发现两种试验系统的测量范围有较大差别。重力试验系统仅仅是靠液滴自身的重力来克服液滴运动时所面对的阻力，故重力试验系统仅仅能够测试阻力非常小的试验。例如：当液滴体积很小时，液滴在亲水壁面上运动时，由于亲水基底的表面能太大，重力根本无法撼动在亲水表面上稳如泰山的液滴，所以采用重力试验系统进行试验显然是不合适的。相比较而言，风洞试验系统是依靠风力来克服液滴运动时所面对的阻力,由于风洞内部湍流度的影响,

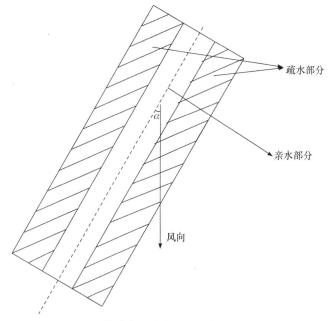

图 7.9　轨道与风向夹角 α 示意图(俯视图)

风洞在 40V 以上的电压进行测试，否则试验数据的误差会非常大，故风洞试验系统可测试驱动力非常的大的试验，但无法测试驱动力小的试验。这是二者在测试范围上的区别。

　　虽然重力试验系统的测试量级无法与风洞试验系统的测试量级相比较，但面对测试量级较小的试验，风洞试验系统无法给出准确的试验数据，例如：液滴在超疏水表面运动时，由于超疏水表面能太低，导致液滴阻力太小，基底轻微的不平稳都会导致液滴从基底滚落，若采用风洞试验系统测试，稍加风力，液滴便会被吹走，风洞试验系统的精确程度显然无法满足这样的试验要求，故只能采用重力试验系统来进行测试。

7.3　基于亲水玻璃轨道的液滴无脱轨导引

7.3.1　液滴的启动

　　液滴在亲水轨道上运动时，需克服的阻力最大。

　　图 7.10 展现的是液滴在亲水载玻片上的运动现象，图中液滴体积为 20μL，轨道宽度为 0.4mm，风速为 5.96m/s，标尺为 2.00mm。当风速尚未达到液滴的启动风速时，液滴会在原地持续振动且止步不前；当持续加大风速直到风速超过液

滴的临界启动风速时，液滴会一边振动一边缓缓往前运动。在运动过程中，液滴的前接触线会缓慢向前移动，而后接触线却并未移动，由于液滴不断往前运动，因此液滴便沿着轨道形成了尾迹，尾迹的宽度往往与轨道一致，厚度却只有薄薄一层；由于图中所示的液滴上了色，故看上去形似蝌蚪；可以预测，如果轨道足够长，液滴最终会变成一层水膜覆盖在轨道之上。

图 7.10　液滴在亲水与超疏水涂层相间的轨道上的运动示意图

　　与液滴在彻底的亲水玻璃表面的运动情况相比，液滴更容易在亲水和超疏水相间的轨道上运动。这是因为，首先，亲疏水相间的轨道大大缩小了液滴和亲水表面的接触面积，从而有效减小了液滴运动所面临的阻力；其次，液滴在亲水玻璃表面上运动时，会在风力的作用下向左右散开来，而并不往前运动，而在亲水和超疏水相间的轨道上，由于存在着很强的能量壁垒，液滴无论如何无法克服这样的能量壁垒往左右散开去，便只得往前运动了。

7.3.2　液滴的脱轨

　　液滴脱轨是指液滴前接触线和后接触线均离开轨道的情况。按此定义来看，不论风力调节到多大，液滴在亲水轨道上运动都不会脱轨，只会出现液滴断裂成两部分的情况。

　　液滴断裂的原因有两种:亲水底板的吸附作用和过大的风力导致其自身断裂。图 7.11 为液滴由于亲水底板吸附作用断裂的示意图。当液滴体积较大时，液滴在较大风力的作用下(约为 18m/s)会在轨道上剧烈振动，由于风力不断加大，液滴被其上下左右撕扯，出现明显变形，但由于液滴内部分子间作用力的顽强抵抗，液滴并未断裂；随后液滴被拉长，砸向底部，由于轨道外部的疏水面积有限，最终被拉长的液滴另一头被亲水的试验台牢牢吸住，而在轨道内部的液滴在亲水轨道的束缚下，两边亲水基底的表面能都很大，在风力的作用下，液滴最终断裂。轨道上剩余的液滴体积较小，气流已无法将其吹走。可以看出，这种分离方式并非完全是风力的贡献，而是由于液滴尺寸较大而疏水部分的面积过小，最终由两个亲水底板将其撕扯开。

图 7.11　液滴由于亲水底板吸附作用断裂的示意图

图 7.12 是液滴在过大风速作用下自身断裂示意图。当液滴体积较小时，在较大风力(18 m/s)的作用下，液滴在剧烈变形的过程中会撞击到超疏水表面，然而由于超疏水底板的表面能较低，液滴出现了反弹现象，在经过高频率的剧烈振动后，液滴最终出现了断裂。断裂后的液滴呈球状，在大风力的作用下离开疏水表面。同样，留在轨道上的液滴体积较小，无法在气流的作用下移除表面。

图 7.12　液滴在过大风速作用下自身断裂示意图

从试验图 7.11 和图 7.12 中均可以很清楚地看到，液滴在断裂之前的剧烈振动实际上是风力在克服亲水轨道施加给液滴的强黏附力，但是亲水载玻片上的黏附力明显强于液滴内部自身的分子间作用力，故加大风力一定是先使得液滴断裂。而液滴的断裂也正好说明了最初的液滴前后接触线并未离开轨道，故而液滴在亲水轨道上的运动并不会脱轨。

7.3.3　液滴运动规律

因液滴在亲水轨道上运动时所需动力范围较大，与重力试验系统相比，风洞试验系统更能满足需求，所以，相应的运动规律是在风洞试验系统下进行测试的。又由于液滴无法从轨道上脱轨，故只测试了液滴启动风速与轨道宽度、轨道夹角和液滴体积这三者之间的关系。在本次试验中，有五个轨道宽度，分别为 0.35mm、0.72mm、1.25mm 和 1.73mm；有四个轨道夹角，分别为 0°、30°、60° 和 85°；还有四个体积，分别为 10μL、20μL、35μL 和 55μL。

同一个角度下，不同轨道宽度的液滴运动时所需风速和轨道宽度的函数关系见图 7.13。注意到图 7.13(d)中没有 20μL 的液滴，是因为液滴在该试验条件下已不能运动了。单看每一幅图，可以发现在轨道夹角较小时(图中所示夹角为 0° 和 30°)，在同一个角度下，液滴运动所需风速和轨道宽度之间呈近似线性增长的趋势；而当夹角逐渐增大时(图中所示夹角为 60°)，液滴启动风速和轨道宽度所呈现的这种线性关系便开始出现分歧，即液滴过小时(图中所示为 10μL)，此线性关系便不再成立；而当夹角达到近似 90° 时，由于液滴无法脱轨，故在风力的作用下，依然会产生移动，但很明显这时候的启动风速和轨道夹角已不再是线性关系了。

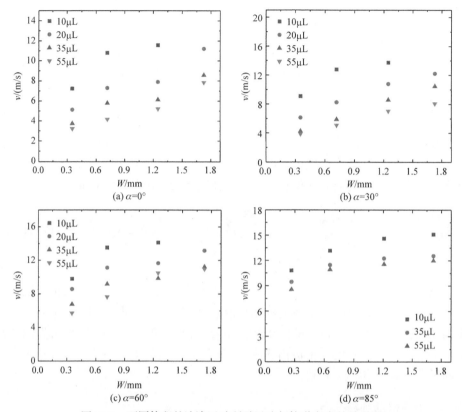

图 7.13　不同体积的液滴运动所需风速与轨道宽度的关系图

　　这是因为，当夹角逐渐增大，液滴会在风力作用下不断地往下风向的轨道边沿靠拢，并逐渐沿着该轨道边沿铺展，从而逐渐脱离上风向的轨道边沿；当完全脱离上风向的轨道边沿之后，液滴会沿着风力的方向继续运动，最终完全黏附到下风向的轨道边沿，这时候轨道宽度的意义便不复存在了。这时候，对于体积一定的液滴，不论轨道宽度如何变化，其启动风速都是相近的。这同样解释了液滴在 85° 的夹角下，启动风速逐渐接近的实际规律。

　　同时，不同体积的液滴之间的规律性也体现在图中。对比图 7.13 中的各个曲线，可得液滴启动风速和体积的关系为：液滴越大，所需的启动风速越小。当液滴逐渐增大时，液滴与亲水轨道的相对接触面积明显减小，则轨道施加给液滴的阻力也相对减小，液滴运动所需的动力自然变小。

　　此外，需要指出的是，液滴虽然不能脱轨，但当轨道宽度和液滴直径的比值太小时，液滴非常容易断裂。在 7.3.2 节中提到，不管是哪种形式的分裂，都是液滴的大部分被风吹走，只留极小一部分在原轨道上。因此，在利用亲疏水轨道导引液滴时，应注意轨道宽度和液滴直径的比值应选取恰当。

同一体积下，不同轨道宽度下液滴运动所需风速随轨道宽度的变化图见图 7.14。

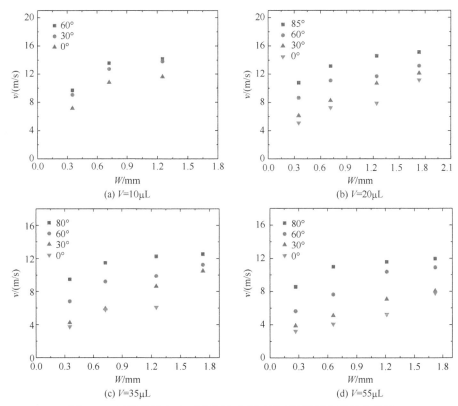

图 7.14　不同轨道宽度下液滴运动所需风速随轨道宽度的变化图

单看每一幅图，可发现在同一体积下，液滴在不同夹角的轨道上运动时所需的风速和轨道宽度之间的函数关系具有一定的一致性，即液滴运动所需风速和轨道宽度之间呈近似线性增长的趋势。仔细观察图中数据，可发现液滴的体积越大且夹角越小时，线性关系越好。当液滴为 10μL 时，液滴在不同夹角的轨道上运动时所需的风速和轨道宽度之间的函数关系呈现出先线性增长，随后又趋于平缓的特性，而不是单一的线性的函数关系；当夹角过大时，这样的函数关系同样地被呈现出来。这也是因为，当夹角逐渐增大时，液滴会不断地往下风向的轨道边沿靠拢，当完全脱离上风向的轨道边沿之后，液滴会沿着风力的方向继续运动，最终完全黏附到下风向的轨道边沿，这时候轨道宽度已经无意义，故而对于体积一定的液滴，不论轨道宽度如何变化，其启动风速都是相近的。

除此之外，可以从图 7.14 中得到一些比较明显的结论，例如：轨道宽度越大，液滴运动所需的风速越大；轨道夹角越大，液滴运动所需风速越大；液滴体积越大，其运动所需风速越小等。试验数据展示了液滴在亲水轨道上运动的基本规律，通过以上规律，可以清楚地了解液滴启动风速与轨道宽度、轨道夹角和液滴体积这三者之间的关系。

7.4 亲水 V 型槽导引

7.4.1 亲水 V 型槽润湿过程

1. 亲水 V 型槽润湿现象

将带有 V 型槽轨道的 PMMA 基板水平放置在光学试验台上。水滴滴在狭长的轨道表面时，V 型槽轨道会将水滴慢慢吸入。当轨道长度较长水滴体积较小时，水滴将在毛细力的作用下，逐渐渗入到轨道内直至消失。

图 7.15 是将 9μL 体积的水滴滴在 3 号 V 型槽轨道表面，发现水滴分别往轨道两端渗透，随着时间的推移，渗透距离越来越长，表面上水滴体积越来越小，直至几乎完全消失。水滴没有完全消失的原因是，水滴自身的表面张力不能平衡亲水表面的吸引力与 V 型槽的毛细力，最终发生断裂，断裂的微小水滴将永久地停留在 PMMA 基板表面上。试验时轨道长 85mm，为了更清楚地显示水滴，只拍取了小段距离。图中带箭头的虚线代表水滴渗透方向，虚线长度代表渗透距离，标尺为 5 mm。然而水滴体积大于沟槽轨道体积时，渗透的水将轨道完全充满后，水滴则不再消失，剩余的小体积水滴会永久地停留在 V 型槽轨道上。

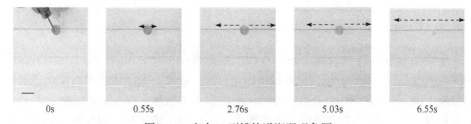

| 0s | 0.55s | 2.76s | 5.03s | 6.55s |

图 7.15 亲水 V 型槽轨道润湿现象图

以水滴与基板接触面的剖面为例，分析亲水 V 型槽轨道上水滴的受力，受力模型见图 7.16。图中灰色狭长区域代表亲水 V 型槽轨道，黑色区域代表水滴在亲水 V 型槽轨道上的润湿状态。由于试验时所用水滴的直径皆大于液滴的毛细长度 $L_c = \sqrt{\lambda/(\rho g)} = 2.7\text{mm}$，故水滴的重力不可忽落。因带有 V 型槽轨道的 PMMA 基板水平放置，所以重力(mg)与基板对水滴的支持力是一对平衡力。但水滴左右两端也受拉普拉斯力(P_s)的作用，其方向永远指向界面曲率方向。图中已标出拉普拉斯力(P_s)的方向，故水滴滴在 V 型槽轨道时，受左右两边拉普拉斯力(P_s)作用，往轨道两端不断渗透，最终水滴完全消失。

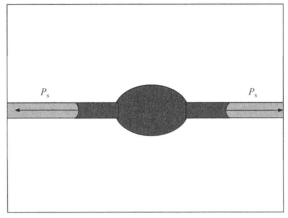

图 7.16　水滴受力模型图

2. 亲水 V 型槽润湿规律

分别将 9μL、15μL、18μL、25μL、29μL、39μL、46μL、56μL、63μL 体积的水滴滴在 1、2、3、4、5、6 号 V 型槽表面，观察 V 型槽润湿现象。发现所有体积的水滴在 1 号 V 型槽全部消失。除 46μL、56μL、63μL 体积外的水滴在 2 号 V 型槽也可消失。3 号 V 型槽可使 9μL、15μL、18μL 体积的水滴全部消失，而 4、5、6 号 V 型槽仅使 9μL、15μL 体积的水滴完全消失。

图 7.17 为水滴完全消失所用时间(T)的变化规律，发现消失时间随着水滴体积的增大而增加(图 7.17(a))，随着沟槽深度的增大而减少(图 7.17(b))。由图可知，水滴体积对水滴消失时间影响较小，而沟槽深度对水滴消失时间影响较大。以 15μL 体积的水滴为例，沟槽深度为 6mm 时，水滴消失所用时间为 4.1s，沟槽深度为

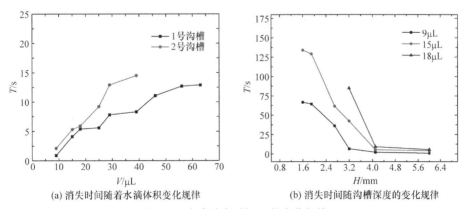

(a) 消失时间随着水滴体积变化规律　　　　　(b) 消失时间随沟槽深度的变化规律

图 7.17　水滴消失时间(T)的变化规律

1.6mm 时，消失所用时间为 133.9s。沟槽深度仅增加 4.4mm，水滴消失时间就缩短了近 33 倍。这是由于沟槽越深，单位时间输运的液体越多，水滴完全消失所用时间就越少。

7.4.2　水滴隐/显性导引

1. 隐性导引现象

由以上研究可知，带有 V 型槽轨道的 PMMA 基板水平放置在光学试验台上时，水滴将逐渐向轨道内渗透，直至轨道完全浸润。水滴体积较小时，则被 V 型槽轨道完全"吞噬"；水滴体积较大时，被 V 型槽轨道吸收后，剩余的小体积水滴会永久地停留在 V 型槽轨道上。若利用重力试验系统，给予轨道一定的俯仰角 (θ)，使轨道出现一定的高度差，则发现滴在轨道上端的所有体积的水滴皆会被 V 型槽轨道完全吸入，而在轨道尽头又出现新的水滴，在无形之中完成了水滴的输运。尝试改变轨道的偏角(β)，发现一定偏角范围内，水滴仍会被 V 型槽轨道隐性输运，实现水滴的隐性导引。

图 7.18 为 18μL 的水滴在深度为 3.2mm 的 3 号 V 型槽轨道的隐性导引现象图。可以发现，基于毛细力的作用水滴开始是往轨道两端渗透的，图中 6.9s 时的瞬时图清晰地呈现出了这一现象。但最终水滴还是在重力作用下往低处运动，当 t=10.34s 时，滴在 V 型槽轨道上端水滴已经完全消失，在轨道最低端出现了微小水滴；随着时间推移，轨道低端水滴逐增大，23.63s 后底端水滴体积增加缓慢，几近不变。图中俯仰角为 42°，导引偏角为 42°。

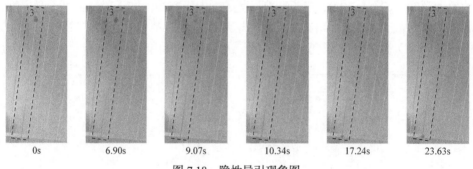

| 0s | 6.90s | 9.07s | 10.34s | 17.24s | 23.63s |

图 7.18　隐性导引现象图

带有 V 型槽轨道的基板水平放置时，水滴与基板接触面剖面处，两端的接触线状态为图 7.19 中编号 1 和 4 的状态。当给予轨道一定的俯仰角 (θ) 时，接触线状态在重力的作用下发生了改变。重力作用使轨道上端的接触线状态先由状态 1 变为了状态 2(接触点不变，曲率半径变小)。此时为了保持能量平衡，接触点由 A、B 两点移至 A_0、B_0 两点，使曲率半径恢复原值，接触线状态也因此变为了状态 3。

由状态 1 到状态 3，接触线不断下移。同时，重力作用也使轨道下端的接触线状态先由状态 4 变为了状态 5，为了保持能量平衡，接触点由 C、D 两点移至 C_0、D_0 两点，接触线状态也因此变为状态 6，也完成了接触线下移运动。以上过程不断重复，使整个轨道中的水流逐步下移，并最终在轨道底端重新聚集，形成新的水滴，完成了水滴的隐性导引。

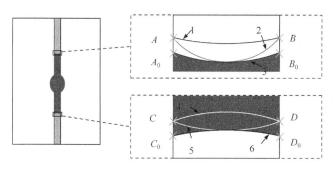

图 7.19　接触线移动模型图

2. 隐性导引规律

为了实现某一高度差下，水滴在各个宽度的 V 型槽轨道上皆能导引。先在重力试验系统下，测试 $\beta = 0°$ 时，不同 V 型槽轨道可完成水滴输运(上端水滴消失，下端有水滴出现)的起始俯仰角 (θ_0) 值，继而进一步确定水滴在 V 型槽轨道上可导引的俯仰角 (θ) 范围。并选择出最佳的俯仰角 (θ) 值，进一步测试 V 型槽轨道的水滴导引范围(偏角 β 的范围)。

图 7.20 中可以看出，水滴输运起始俯仰角 (θ_0) 随着 V 型槽轨道深度 (H) 的增大而减小。1.7mm 与 1.9mm 沟槽深度相差较小，所以起始俯仰角 (θ_0) 值差距很

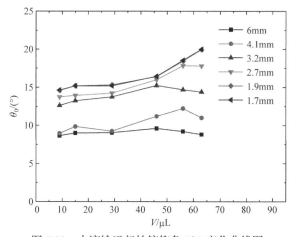

图 7.20　水滴输运起始俯仰角 (θ_0) 变化曲线图

小，两条试验数据线几乎重合。这是由于各个 V 型槽轨道的底宽几乎相同，则水滴与基板接触面的剖面处两端的接触线状态相同，因此使轨道两段端的接触线状态发生变化的重力分力($mg\sin\theta$)应相等。因为 V 型槽轨道深度越深，内含水量越大，则重力(mg)越大，所以俯仰角(θ)值就越小。这便对水滴输运起始俯仰角(θ_0)随着 V 型槽轨道深度(H)的增大而减小的规律做出了合理的解释。

　　根据图 7.20 取俯仰角(θ)为 30°，此时，所有的水滴皆可在所有轨道上导引。试验时利用重力测试系统，将偏角范围从 0°开始不断增大，观察导引现象，给出最大导引偏角，即可得到水滴在 V 型槽轨道的可导引偏角范围。

　　图 7.21 为不同深度 V 型槽轨道上水滴最大导引偏角的变化曲线图，可以明显看出，水滴最大导引偏角(β_{max})随着水滴体积(V)的增大而减小，随着 V 型槽轨道深度(H)的增大而增大。水滴的最大导引偏角与截留在轨道表面剩余水滴体积有关。水滴滴在较大偏角(β_{max})的 V 型槽轨道上，水滴还未来得及全部渗透 V 型槽轨道，截留在轨道表面剩余水滴已由于重力原因沿着重力分力方向滑落，造成导引失效。所以，水滴体积相等时，V 型槽轨道(H)的深度越深，截留在轨道表面剩余水滴体积越小，由于滑落时所需的重力分力($mg\sin\theta\sin\beta$)为定值，所以 $\sin\beta$ 就越大，最大导引偏角 β_{max} 也越大。同一 V 型槽轨道，水滴体积(V)越大，截留在轨道表面剩余水滴体积越大，故 $\sin\beta$ 越小，最大导引偏角 β_{max} 越小。因此小体积的水滴在较大深度 V 型槽轨道的可导引范围较大。

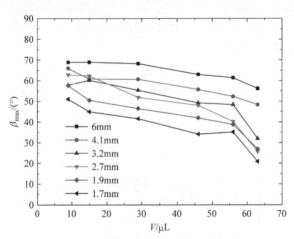

图 7.21　水滴最大导引偏角的变化曲线图

7.4.3　水滴显性导引

　　在测试 V 型槽轨道水滴导引偏角时，未将水滴滴在 V 型槽轨道正上方，而是不小心滴在轨道棱边的一侧，发现水滴并不是沿着重力分力的方向移动，而是沿着 V 型槽轨道棱移动，因此可实现水滴的导引。

图 7.22 为水滴沿 V 型槽轨道棱边显性导引现象图，图中水滴大小为 56μL，俯仰角为 42°，导引偏角为 63°。运动过程中，前 0.41s 水滴前后接触线皆会缓慢向前移动。而 0.59s 之后，只有前接触线向前移动，后接触线却并未移动，形成一道尾迹，近似蝌蚪状。这是由于在 V 型槽轨道棱边处存在能垒束缚效应，当水滴重力分力不足以克服能垒束缚时，水滴将会沿着 V 型槽轨道棱边移动，实现水滴的显性导引。

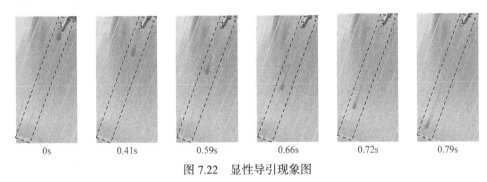

|0s|0.41s|0.59s|0.66s|0.72s|0.79s|

图 7.22　显性导引现象图

试验测试了不同大小的水滴在 PMMA 基板上的滚动角(图 7.23(a))，发现水滴的滚动角随着水滴体积的增大而减小。不同大小的水滴在 V 型槽轨道棱边处最大导引偏角(图 7.23(b))，随着水滴体积的增大而增大。显性导引的决定因素是轨道棱边处的能量壁垒，与 V 型槽轨道的尺寸无关，故本次试验没有研究不同尺寸下 V 型槽轨道的导引情况。

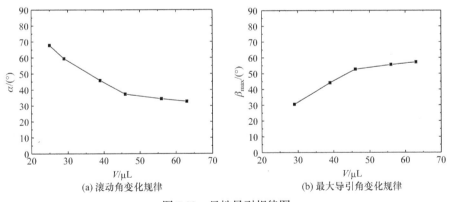

(a) 滚动角变化规律　　　　　　　　　(b) 最大导引角变化规律

图 7.23　显性导引规律图

图 7.24 是将 56μL 的水滴，滴在俯仰角为 42°，导引偏角为 63°的 3 号 V 型槽轨道。水滴还未来得及全部渗透 V 型槽轨道时，截留在轨道表面剩余水滴就由于重力分力作用沿着重力分力方向滑落。当其滑落至 4 号轨道棱边处，水滴沿着 4 号轨道棱边移动至下端，完成水滴在黑色虚线范围内的导引。图中黄色虚线内

为渗透进 V 型槽轨道的水流，红色虚线代表水滴的移动轨迹。双轨道导引是双重保护的导引，符合 3 号轨道隐性导引条件的水滴，会沿 3 号轨道到达底端；隐性导引失效的水滴还会被 4 号轨道棱边导引至底端，完成最终的导引效果，这大大扩大了水滴的可导引范围。

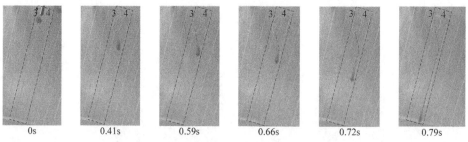

图 7.24　双轨道导引现象图(彩图请扫封底二维码)

7.4.4　水滴隐性自运输

1. 水滴隐性自运输现象

由以上研究可知，水平放置的 V 型槽轨道被完全充满水后，水滴滴上后不再消失，永久地停留在 V 型槽轨道上。但是若在离水滴不远处，再放置一滴体积较大的水滴，此时的小水滴会自发地朝着大水滴方向隐性运输，最终与大水滴融合。

图 7.25 为水滴隐性自运输现象图。先在 V 型槽轨道 C 点处滴入 63μL 的水滴，为了防止毛细力作用下水滴会润湿轨道，逐渐变小消失，事先将轨道充满了水，进而确保了停留在 C 点位置处的水滴体积为 63μL。然后，将 9μL 的水滴滴在 D 点处，为了清楚地观察到水滴的运动状态，水滴被染成了红色。经过观察发现，D 点处水滴逐渐消失，C 点处水滴中逐渐渗入红色液体，说明 D 点处水滴被运输至 C 处，与 C 处原有的大水滴发生融合，完成了水滴隐性自运输过程。

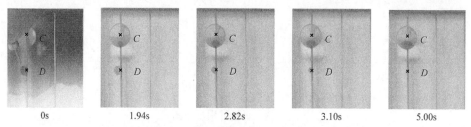

图 7.25　水滴隐性自运输现象图(彩图请扫封底二维码)

根据杨-拉普拉斯方程，半径为 R 的液滴内的气体压力(P_i)必须足够大才足以平衡流体静水压力 P_0(基本上等于大气压力) $P_i = P_0 + 2(\lambda/R)$ 和表面张力：这表明水滴尺寸越大，水滴内部压力越小；所以大尺寸水滴内部压力($P_{大水滴}$)小于小尺寸水滴内部压力($P_{小水滴}$)，故而小水滴会自发地朝着大水滴方向隐性运输，最终与大水滴融合。

2. 水滴的隐性自运输规律

改变两水滴的体积比，以及两水滴间的距离，测试水滴隐性自运输所需时间(图 7.26)。可以看出，水滴隐性自运输的完成时间(T)随着两水滴间的距离(S)的增加而增加，随着两水滴的体积比($V_{大水滴}/V_{小水滴}$)的增加而减少。另外，体积比为 6.2、小水滴距离大水滴 30mm 时，小水滴自运输的完成时间为 236 s，由于图的篇幅问题并没有在图中显示。

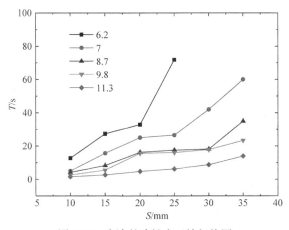

图 7.26　水滴的隐性自运输规律图

体积比为 6.2 的小水滴距离大水滴 35mm 时，经过 5min 小水滴也没有完成自运输，故而存在小水滴可完成的隐性自运输的最大距离。试验测试了不同体积比下，小水滴可完成的隐性自运输的最大距离，发现两水滴体积比越大，最大导引距离越大。当体积比大于 9.8 时，小水滴最大导引距离就超过了 80mm，达到长距离的自运输效果。这是由于沟槽轨道中存在着沿程阻力(h_f)，当 $P_{小水滴} = P_{大水滴} + h_f$ 时，小水滴已不再自发地朝着大水滴方向隐性运输；且沿程阻力(h_f)与两水滴距离(S)有关：$h_f = \lambda S v^2 / (2dg)$ 所以，当 $P_{小水滴} - P_{大水滴} \leqslant \lambda S v^2 / (2dg)$ 时，隐性运输停止。两水滴体积比较小时，$P_{小水滴} - P_{大水滴}$ 较小，所以最大隐性导引距离较小。不同体积比的水滴最大自运输距离见表 7.1。

表 7.1　不同体积比的水滴最大自运输距离对应表

两水滴体积比	6.2	7	8.3	9.8	11.3
最大自运输距离/mm	33	42	45	>80	>80

7.5　亲水丝轨道导引

7.5.1　超疏水基底制作方法

超疏水基底是指水滴在其表面的接触角 θ 大于 150° 的固体。超疏水表面很大程度地约束水滴的铺展，使得水滴与固体接触面积非常小，最终轮廓近似为球形，见图 7.27。本节通过喷涂超疏水涂层来制备超疏水基底。选用边长为 100mm×100mm 的亚克力板，用酒精对其目标表面进行清洁；干燥后用喷枪在目标表面均匀地喷涂一层超疏水底漆，自然风干后，再将面漆涂层均匀地喷涂其上，且保证面漆完全将底漆覆盖，自然风干即可。图 7.28 为制备超疏水基底的 SEM 图。

图 7.27　超疏水表面水滴状态图

图 7.28　超疏水基底的 SEM 图

7.5.2　亲水丝轨道导引规律

本节分别探究了亲水钢丝轨道与亲水纤维轨道的导引规律。亲水钢丝轨道为圆柱形，水滴在其上的状态见图 7.29(a)，亲水钢丝轨道仅可接触到水滴的一侧。亲水纤维轨道是由许多纤维丝组成的纤维簇，呈扁平状。水滴在亲水纤维轨道的状态见图 7.29(b)，轨道可束缚在水滴中心位置处。

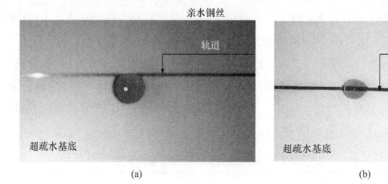

(a)　　　　　　　　　　　　　　　(b)

图 7.29　水滴在亲水丝轨道的状态图

利用重力试验系统，分别测试不同体积水滴在亲水钢丝轨道与亲水纤维轨道的滚动角。从图7.30中可得,亲水钢丝轨道与亲水纤维呈现相同的运动规律,水滴的滚动角(α)随着亲水轨道宽度(W)的增大而增大,即轨道宽度(W)越小,水滴越容易在超疏水表面的亲水轨道上运动;随着水滴体积(V)的增大,滚动角(α)逐渐减小,即水滴越大,越容易运动。另外,水滴在亲水钢丝轨道比亲水纤维轨道更容易移动。

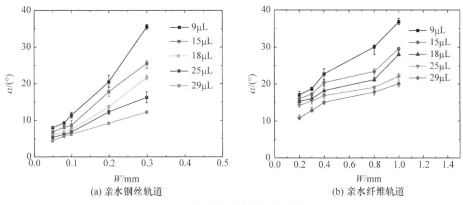

图 7.30 水滴滚动角的变化曲线图

根据不同体积的水滴在不同宽度亲水轨道的滚动角变化规律,可确定使水滴在超疏水表面亲水轨道上的运动俯仰角(θ)范围。在水滴运动的俯仰角(θ)为 60°时进行本次试验,通过改变偏角(β)值,使水滴将不再沿重力分力的方向移动,而是沿着亲水轨道前进实现亲水轨道的导引。试验时,偏角范围从 0°开始不断增大,观察导引现象,给出最大导引偏角(β_{max}),即可得到不同体积的水滴在不同宽度亲水轨道的可导引的偏角范围。

图 7.31 为水滴最大导引偏角规律图,经过分析发现,亲水钢丝轨道的最大导

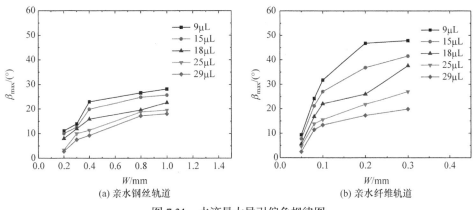

图 7.31 水滴最大导引偏角规律图

引偏角(β_{max})随着轨道宽度(W)的增加而增大，随着水滴体积(V)的增大而减小；即轨道宽度(W)越大，可导引范围越大；水滴体积(V)越小，可导引范围越大。并且亲水纤维轨道比亲水钢丝轨道有着更大的导引范围。

7.6　本　章　小　结

本章介绍了基于亲水轨道的液滴导引方法的运动规律。首先，采用润湿阶跃方法在亲水玻璃表面实现了对液滴的无脱轨导引，在描述液滴运动的试验现象的同时，指出液滴无法脱轨只能断裂的事实，并通过一系列的定量试验得到了液滴的临界启动风速与轨道宽度、轨道夹角和液滴体积这三者之间的关系；其次，采用机械加工方法在 PMMA 表面制作轨道，通过对 V 型槽的变量的不断试验，发现沟槽能否导引液滴与轨道深度有关，试验中轨道深度大于 0.5mm 时便可实现导引，该导引原理与液滴在亲水玻璃上的导引原理大相径庭，但却极其稳定，液滴既不会脱轨，更不会断裂，称为对液滴的隐性导引；最后，分别探索了亲水钢丝轨道和亲水纤维轨道水滴导引的规律，发现水滴在亲水钢丝轨道比亲水纤维轨道更容易移动，而亲水纤维轨道比亲水钢丝轨道有着更大的导引范围。

参 考 文 献

[1] Ruiter J D, Lagraauw R, Ende D V D, et al. Wettability-independent bouncing on flat surfaces mediated by thin air films[J]. Nature Physics, 2015, 11(1): 48-53.

[2] Ruiter J D, Mugele F, Ende D V D. Air cushioning in droplet impact. I. Dynamics of thin films studied by dual wavelength reflection interference microscopy[J]. Physics of Fluids, 2015, 27(1): 012104.

[3] Ruiter J D, Ende D V D, Mugele F. Air cushioning in droplet impact. II. Experimental characterization of the air film evolution[J]. Physics of Fluids, 2015, 27(1): 1673-1677.

[4] Hu H B, Huang S H, Chen L B. Droplet impact on regular micro- grooved surfaces [J]. Chin. Phys. B., 2013, 22 (8): 084702 .

[5] 黄苏和, 胡海豹, 陈立斌, 等. 剪切气流驱动下微沟槽表面液滴受力分析[J]. 上海交通大学学, 2014, 48(2): 71-75.

[6] Song D, Song B, Hu H, et al. Selectively splitting a droplet using superhydrophobic stripes on hydrophilic surfaces[J]. Physical Chemistry Chemical Physics Pccp, 2015, 17(21):13800.

[7] Zhang J L, Han Y C. Shape-gradient composite surfaces: water droplets move uphill[J]. Langmuir 2007, 23 (11), 6136-6141.

[8] Li J, Qin Q H, Shah A, et al. Oil droplet self-transportation on oleophobic surfaces[J]. Science Advances, 2016, 2(6): e1600148.

[9] Hu H, Dong Q, Qin L, et al. Directional and sustainable transportation of water droplets using lubricated carbon fibers on a superhydrophobic substrate[J]. Applied Surface Science, 2020, 502: 143904.

[10] Hu H, Yu S, Song D. No-loss transportation of water droplets by patterning a desired hydrophobic path on a superhydrophobic surface[J]. Langmuir, 2016, 32(29): 7339-7345.

第8章　超疏水/疏水轨道表面液滴导引方法

8.1　引　　言

在第 7 章对基于亲水轨道的导引方法进行系统介绍时，提到了液滴在导引过程中具有稳定、无障碍的优点，但同时也存在一个显著的缺点——液滴的质量损失明显，这是因为亲水轨道的表面能过大，对液滴有很强的黏附力。若要减少液滴的质量损失，就应当减小轨道对液滴的黏附力，即增加轨道的疏水性[1]。经过针对增加轨道疏水性的大量尝试，不但实现了液滴质量损失的有效减少，更是发现了液滴无质量损失导引的新现象。本章将对在 PDMS 表面上所实现的液滴无质量损失导引方法的试验现象、运动学规律做详尽说明，并进行力学分析。

8.2　试　验　准　备

1. PDMS 的制备

PDMS(polydimethylsiloxane，聚二甲基硅氧烷)，常温状态下无毒无味，具有光学透性。图 8.1 为液滴在光滑 PDMS 表面上的静态接触角示意图，图中液滴的静态接触角为 108°。

图 8.1　PDMS 表面上的液滴润湿形态

试验中 PDMS 的制备程序如下：第一步，将 PDMS 与交联剂以质量比 10∶1

进行混合，并置于真空箱中除气 20min；第二步，使液态的 PDMS(Sylgard184, DowCorning)浇注到载玻片上，厚度为 1～2mm；最后，把模型放在 60℃烘箱内固化 120min，至此 PDMS 制备完成。

2. PDMS 轨道的制备

制备导引轨道的方法分为机械加工法和润湿阶跃法。机械加工法是指采用线切割方法制作微沟槽，沟槽的轨道截面形状为三角形，即 V 型槽，V 型槽可通过一次线切割加工得到。在 PDMS 上制备轨道选取的是润湿阶跃法，这是因为 PDMS 本身具有一定弹性，机械加工法加工该表面的时候，PDMS 本身的弹性会导致所切割出来的轨道深浅不一，粗糙度非常大，未能达到试验要求，故最终选用润湿阶跃法制备 PDMS 和超疏水涂层相间的导引轨道。

利用润湿阶跃法制备导引轨道的方法与第 7 章类似：使用酒精对 PDMS 表面进行清洁并干燥；将裁剪成目标形状的掩膜条带粘贴在载玻片的目标表面上；使用喷枪将超疏水底漆液均匀地喷涂在目标表面，自然风干后，再喷涂一层面漆，保证面漆完全将底漆覆盖且喷涂均匀，待目标表面再次自然风干后，用镊子轻取掩膜条带，保证边沿整齐，待掩膜条带被完整取下，轨道便制作完成。图 8.2 为润湿阶跃法制备的 PDMS 轨道的边界 SEM 图，(a)为超疏水涂层的 SEM 图；(b)为 PDMS 的 SEM 图；(c)为 PDMS 轨道的边界 SEM 图。从图中可发现三个轨道的边界均非常平整，说明轨道的制备质量达到试验要求。试验所用的掩膜条带的规格可任意变换，比如轨道形状，轨道宽度，轨道倾角等，这为试验变量的调整提供了现实依据。

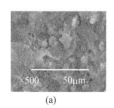 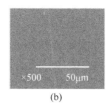 

(a)　　　　　　　　(b)　　　　　　　　(c)

图 8.2　润湿阶跃法制备的 PDMS 轨道的边界 SEM 图

3. PET 表面轨道的制备

PET(polyethylene terephthalate)化学性质稳定，无毒无味，疏水性略逊于 PDMS 的疏水性。在试验过程中，为了减少液滴在导引过程中的质量损失，共采用了 PET 和 PDMS 两种疏水材料，故有必要在此对 PET 进行说明。

根据控制变量法的试验设计原理，PET 表面轨道的制备方法与 PDMS 表面轨道的制备方法一致，不再赘述。

4. 超疏水轨道的制备

超疏水涂层的静态接触角为 168°, 见图 8.3。

图 8.3　液滴在超疏水涂层基底的形态

　　类似 PDMS 轨道的制备, 超疏水轨道的制作方法也分为两种: 机械加工法和润湿阶跃法。采用润湿阶跃方法制作沟槽, 是指将亲水、疏水、超疏水三种材料两两结合, 制备出相应的轨道。由于超疏水轨道需要通过重力将液滴束缚在轨道中, 因此轨道需制作成 V 型槽, 润湿阶跃法难以实现该条件, 故而选取线切割的机械加工方法制作 V 型槽。沟槽制作完成后, 将试验板表面清洗干净, 喷涂超疏水涂层, 喷涂时应保证涂层轻薄, 以免堵塞轨道。

　　轨道的变量集中在 V 型槽, V 型槽的变量分为三种: 第一种是保证 V 型槽的夹角不变, 沟槽深度和沟槽宽度都有变化; 第二种是保证 V 型槽的深度不变, 沟槽宽度和沟槽夹角都有变化; 第三种是保证 V 型槽的沟槽宽度不变, 沟槽深度和沟槽夹角都有变化, 在第 7 章中, 已经采用过第二、三种沟槽变量。经过大量试验, 发现第一种沟槽变量最适合本章的实际情况。这是因为超疏水的材料在实际中并不能直接获得, 须借助超疏水涂层来完成。选取金属材料将轨道形状加工出来后, 仍需要在其上喷涂超疏水涂层, 如果选择第三种轨道变量, 超疏水涂层会将轨道内部堵住, 深度变化失去意义; 同时超疏水轨道的表面能太低, 如果选择第二种沟槽变量, 则由于 V 型槽的角度不断扩大, 液滴就极易挣脱轨道的束缚, 使导引变得脆弱。

　　试验中, 保证 V 型槽的角度为 120°不变, 则沟槽宽度和沟槽深度均有变化, 为了更好地记录试验结果, 故在试验时将沟槽宽度视为一个变量。

8.3 基于疏水轨道的液滴无质量损失导引方法

8.3.1 无质量损失导引现象

1. 重力作用下的无质量损失导引现象

在试验初始，采用较为方便的简易重力设备来观察试验，并分别对液滴在 PDMS 和超疏水相间的导引轨道、PDMS 表面、亲水玻璃和超疏水相间的导引轨道以及亲水玻璃上的液滴运动情况做了对比，如图 8.4 所示，θ 为表面俯仰角。图 8.4(a) 是液滴在 PDMS 和超疏水相间的导引轨道上的运动情况，$\theta=39°$；图 8.4(b) 是液滴在 PDMS 表面上的运动情况，$\theta=68°$；图 8.4(c) 是液滴在亲水玻璃和超疏水相间的导引轨道上的运动情况，$\theta=35°$；图 8.4(d) 是液滴在亲水玻璃上的运动情况，$\theta=30°$。图中所有的液滴体积均为 50μL。

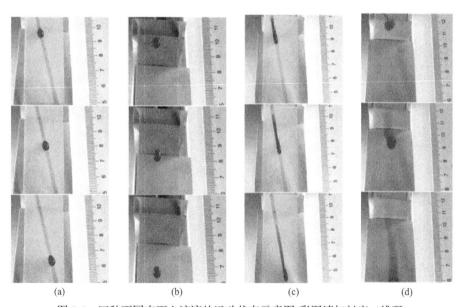

图 8.4　四种不同表面上液滴的运动状态示意图(彩图请扫封底二维码)

从图 8.4 中很明显可以观察到，液滴在亲水玻璃轨道上运动时，液滴的前接触线移动速度明显高于后接触线的移动速度，尾迹非常明显且水量较大；而液滴在疏水 PDMS 上运动时，几乎没有尾迹出现，为实现无质量损失导引提供试验依据。

2. 风力作用下的无质量损失导引

由于高速摄像机景深和视野的限制，无法在重力系统下拍摄出运动过程图[3]，故在风力测试系统中弥补这一漏洞。同时，为了更加细致地了解表面能的变化对液滴导引的尾迹的影响，在风洞试验中又添加液滴在 PET 材料上导引的情况，见图 8.5 液滴在不同表面能上的运动状态示意图。在图 8.5 中，图 8.5(a)是液滴在亲水轨道上的导引现象，图 8.5(b)是液滴在 PET 上的导引现象，图 8.5(c)是液滴在 PDMS 轨道上的无质量损失导引现象。图中液滴体积均为 20μL，轨道宽度均为 0.4mm，风速分别为 5.96m/s、3.82m/s、2.78m/s，标尺长为 2.0mm。图 8.5(a)中，液滴的尾迹还是连续的，略有高度，可见液滴所残留的水量是很大的；在图 8.5(b)中，液滴的尾迹明显减少，只剩下一层薄层，而且随着运动距离逐渐增大，薄层尾迹在表面张力的作用下变得不连续，此现象说明随着表面能的增大液滴的尾迹在不断减少；而到了图 8.5(c)，尾迹便彻底消失，这说明随着表面能的增大液滴的尾迹可以完全消失，同时也说明了轨道材料的疏水性是液滴运动残留尾迹的根本原因。

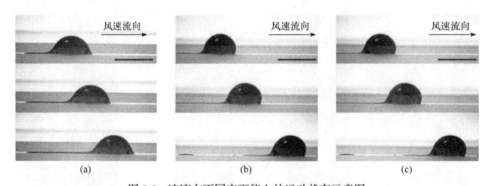

图 8.5　液滴在不同表面能上的运动状态示意图

3. 无质量损失导引的启动和脱轨

采用能提供更大施加力范围的风力测试系统后发现了新的试验现象——无质量损失导引可实现真正意义的脱轨。图 8.6 所示为切向风下液滴在 PDMS 和超疏水涂层共同作用下的轨道上的运动现象，为了清楚地观察到液滴的运动状态，将液滴染成红色。液滴体积为 30μL，图中的标尺长度为 5mm，S 型轨道的轨道宽度为 0.4mm。图 8.6(a)为液滴在轨道上的稳定导引示意图，此时风速为 2.72m/s，图 8.6(b)为液滴在轨道上的脱轨示意图，此时风速为 7.64m/s。在图 8.6 中可以观察到：液滴在运动过程中近似一个球形，尾部位置略有滞后，但是并未产生明显尾迹，即液滴的前接触线和后接触线都在向前移动，与液滴在亲水表面的运动相比，液滴前后接触线移动的速度几乎一致，这证实无质量损失导引力学模型的建立是可行的。

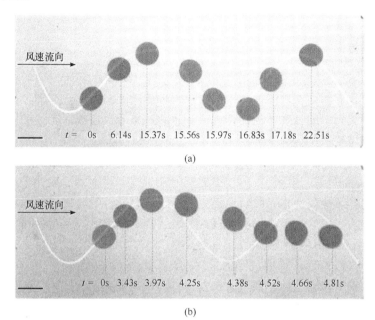

图 8.6　切向风作用下，液滴在 S 型轨道上的运动示意图

　　当风速在 2.00m/s 时，液滴处于原地振动状态，无明显移动。在图 8.6(a)中，在风速增大至 v_{wind}=2.72m/s 的过程中，液滴一直在轨道上持续振动且振动幅度略有加剧，风速增大至 v_{wind}=2.72m/s 时，液滴开始缓慢向前运动，并不断调整速度以适应不断变化的轨道，但振动并不明显，此时的风速称为临界启动风速；当液滴移动至轨道拐弯处，在拐弯前运动更加缓慢，直至过了弯道向直道运动时，速度骤然增加，运动一小段距离后速度再次降下来。在整个导引过程中，液滴在风力的作用下总是靠近导引轨道下风向的一侧。

　　当风速不断增加，液滴的振动频率也逐渐加剧，运动速度逐渐加快；风速达到 v_{wind}=7.64m/s 时，液滴的振动达到非常剧烈的程度，在拐弯处停顿几秒钟后，风力终于克服轨道施加给液滴的黏附力，使液滴无法束缚在轨道内部，液滴脱轨(图 8.6(b))，此时的风速称为临界脱轨风速。脱轨后的液滴沿着脱轨时所在曲线点的切线方向向前运动，在运动过程中会经过 S 轨道，但轨道无法提供有效束缚，液滴穿过轨道径直向前运动。此外，还可以观察到，液滴脱轨时没有在轨道上留下水迹，即其前后接触线同时脱离轨道，根据第 7 章所提及的液滴脱轨的定义，可判断出无质量损失导引的液滴可以实现真正意义上的脱轨。

　　值得思考的是，在第 7 章中提到的液滴基于亲水轨道的稳定导引方法是极其稳定的，这种稳定性是建立在导引轨道的高表面能的基础上。而由于 PDMS 轨道的表面能降低，导引的稳定性是否依旧良好，这需要通过定量测量液滴在 PDMS 轨道上实现导引所需的风速范围来具体验证。

8.3.2　无质量损失导引运动学规律

经过大量测试，发现这种无质量损失导引不但并非起初所设想的那么脆弱，而且还具有良好的运动规律，可以作为较为理想的导引方法。本部分将会详细说明无质量损失导引的良好的运动学规律。在测试系统上，选择能提供更大驱动力范围的风洞试验系统。

本次试验给出液滴可被导引的风速范围，即完整地测试了液滴的临界启动风速 v_{low} 和临界脱轨风速 v_{upp}。为了更加充分地了解该范围的一般规律，还测试了液滴临界启动风速以及临界脱轨风速分别与轨道宽度、轨道夹角和液滴体积三者之间的关系。相应的试验变量有：PDMS 轨道的轨道宽度(W=0.38mm，0.72mm，1.06mm 和 1.36mm)，五个夹角(α=16°，40°，50°，58°，80°)，以及三个液滴体积(15μL，30μL 和 50μL)。需要说明的是，液滴自身运动的速度非常小，在图 8.6 中，液滴在 15.s 时速度最大仅达到约 0.012m/s，与对应的风速相比相差两个数量级，故在测量临界启动风速和临界脱轨风速时，不再考虑液滴速度对其的影响。

图 8.7 即为液滴在 PDMS 轨道上可导引的风速范围与各个变量之间的关系示意图(实心的符号表示的是临界启动风速 v_{low}，空心的符号表示的是临界脱轨风速 v_{upp})。图 8.7(a)是在轨道夹角 α = 50°时，临界启动风速和临界脱轨风速与轨道宽度 W 的函数关系图。图中对应的实心符号和空心符号的间距就是液滴在不同轨道宽度时的可导引的风速范围。观察图中数据，可以得到轨道越宽，可导引范围越

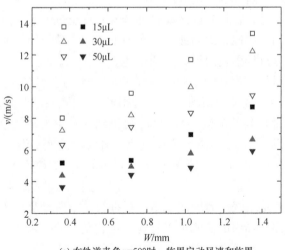

(a) 在轨道夹角α=50°时，临界启动风速和临界
脱轨风速与轨道宽度W的函数关系

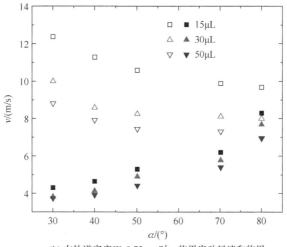

(b) 在轨道宽度 W=0.72mm 时，临界启动风速和临界
脱轨风速与轨道夹角 α 的函数关系

图 8.7 液滴在 PDMS 轨道上的可导引的风速范围与各个变量之间的关系示意图

大，反之轨道的宽度变窄时，速度范围(v_{low}~v_{upp})将减小。同时也表明，在大于 0° 的某一固定角度下，过窄的轨道无法实现对液滴的导引。

仔细观察图中各点的走势，可以发现临界启动风速 v_{low} 和临界脱轨风速 v_{upp} 均随着轨道宽度 W 的增加而增加。这是因为轨道越宽，与液滴的相对接触面积越大，因此液滴受到来自轨道的阻力就越大，不论是液滴启动还是脱轨，均为液滴克服来自轨道的阻力，所以液滴在越宽的轨道上运动所需要的力就越大。当纵向比较各个数据点时，可以发现液滴越大，所需要的临界启动风速和临界脱轨风速均变小，这表明较大的液滴更易于引导，但也更容易脱轨。

图 8.7(b)是在轨道宽度 W=0.72mm 时，临界启动风速和临界脱轨风速与轨道夹角 α 的函数关系。图中的实心符号同样表示临界启动风速 v_{low}，空心符号表示临界脱轨风速 v_{upp}。图中同一形状的图标对应的实心符号和空心符号的间距就是液滴在该轨道夹角下的可导引的风速范围。显而易见的是，当轨道夹角逐渐增大，轨道的可导引范围会随之逐渐减小，直到出现启动即脱轨(即不能导引)的情况。

值得注意的是，对于体积较小的液滴而言，可导引的轨道夹角并不小，仔细观察图中数据，会发现即使夹角达到 80°，15μL 液滴仍可以成功实现导引，这无疑是无质量损失导引的良好导引品质的体现。

仔细观察图中各点的走势，可以发现临界启动风速 v_{low} 随着轨道夹角的增大而增大，而临界脱轨风速 v_{upp} 随着轨道夹角的增大而减小。这是由于轨道夹角越大，风力沿轨道方向上的分量就会逐渐减小，因此虽然液滴受到的来自轨道的阻力没有变(因为轨道宽度没有改变)，但是驱动力却变小了，这时候就需要更大的风力才能驱动液滴；而与此同时，风力沿垂直于轨道方向上的分量会因此增大，所以轨道夹角越大，液滴就更容易脱离轨道。当纵向比较各个数据点时，同样可以发现液滴越大，所需要的临界启动风速和临界脱轨风速均越小，这表明液滴体积越大，在导引时越不稳定，这一规律与第 7 章一致。

8.3.3　无质量损失导引力学分析

如前所述，无质量损失导引的实质是液滴的前接触线和后接触线几乎以相同的速度运动，这是与液滴在亲水表面上的运动的本质区别。基于这样的运动事实，可以通过接触线理论对该导引现象建立力学模型[4]。

图 8.8 是以接触线理论为基础的无质量损失导引的液滴受力模型图，其中灰色区域代表超疏水区域，白色狭长区域代表 PDMS 轨道，狭长轨道内的深红色区域代表液滴与轨道的接触区域，深红色区域外部的圆形浅红色区域代表液滴。F_W 代表风力，F_a，F_r，F_Lt 和 F_Rt 均为三相接触线所受到的表面张力在相应方向的分量，L 代表液滴沿轨道的接触线长度，W 则为接触线宽度。

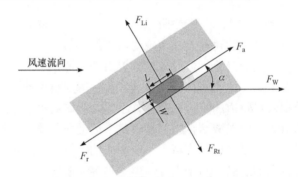

图 8.8　液滴在 PDMS 轨道上运动受力分析示意图(彩图请扫封底二维码)

建立模型时，对接触线的轮廓做了一定简化：在这个模型中，液滴的接触线是倒了角的矩形(图中狭长区域深红色矩形的外轮廓)，但实际上，接触线不可能如此规整，正是由于液滴的前后接触线运动速度一致，所以该简化才有了理论依据，简化后的模型更有利于计算液滴三相接触线的长度(即 L 和 W 的数值)。此外，根据试验，液滴移动速度远远小于风速(液滴脱轨时的最大速度为 0.038m/s，相应的风速为7.64m/s)。所以，在接下来的分析中，忽略了液滴移动的速度和液滴内的黏性阻力。

图 8.9 分别展示的是液滴三相接触线长度 L 和 W 的数值的实际测量的方法。从图 8.9(a)中可以看出，液滴的宽度和轨道宽度一致，这是因为超疏水表面和疏水表面之间存在液滴无法克服的能量壁垒，故液滴的三相接触线无法越过疏水轨道而延伸到超疏水表面[5]。而在图 8.9(b)中，液滴在运动过程中，其沿轨道的接触线长度 $L_1 \approx L_2 \approx L_3 \approx L_4 \approx 4.02 \pm 0.03$(mm)，变化范围小于 0.1%，故在液滴运动中的 L 长

度可看作是一致的。需要强调的是，L 是一个间接变量，试验中只能通过改变液滴体积或者改变轨道的宽度来改变它。图 8.9(b)中风速为 7.62m/s，液滴体积为 40μL。标尺长度为 3mm。

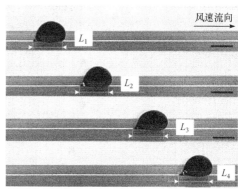

(a) 三相接触线的宽度测量示意图　　　　　(b) 三相接触线的长度测量示意图

图 8.9　液滴三相接触线尺寸的测量示意图

接下来先讨论液滴的临界启动风速与各个变量之间的函数关系。当液滴开始沿着疏水轨道移动时，其头部区域的接触角达到前进接触角 θ_a，尾部区域的接触角达到后退接触角 θ_r。由于轨道的材质一定，所以 θ_a 和 θ_r 就是液滴在 PDMS 上的前进角和后退角。由杨氏方程可得，液滴受到的阻力为 $F_r - F_a = \gamma W(\cos\theta_r - \cos\theta_a)$，其中 γ 和 W 分别是水的表面张力系数和轨道宽度。驱动力 F_W 沿轨道方向的分量为 $F_W \cdot \cos\alpha$，为了使液滴向前移动，应该满足以下条件：

$$F_W \cdot \cos\alpha \geqslant \gamma W \left(\cos\theta_r - \cos\theta_a\right) \tag{8.1}$$

查阅相关文献[2]，可得风力 F_W 和风速的关系近似为 $F_W \sim R\mu V_{wind}$，其中 R，μ 和 v_{wind} 分别是液滴半径，水的动力黏度系数和风速。因此由式(8.1)可得

$$v_{low} = \frac{k\left[\gamma W \left(\cos\theta_r - \cos\theta_a\right)\right]}{R\mu\cos\alpha} \tag{8.2}$$

其中，k 是比例系数。

当轨道的材质、液滴自身的各项参数均不变(即 k、γ、$\cos\theta_r$、$\cos\theta_a$、R，和 μ 均不变)时，从式(8.1)中可得到液滴的临界启动风速与轨道宽度呈正比例关系，而液滴的临界启动风速与轨道夹角有关的系数 $\cos\alpha$ 呈反比例关系。

为了证明式(8.2)的有效性，分别对图 8.9 中 v_{low} 和 W，v_{low} 和 $\cos\alpha$ 之间的函数关系进行了拟合。见图 8.10(a)，对于体积一定的液滴，临界启动风速 v_{low} 与轨道宽度 W 存在正比例关系，这与从式(8.2)中推导出来的 $v_{low} \sim W$ 这一理论关系有很好的一致性。说明由三相接触线产生的液滴的阻碍力 $(F_a - F_r)$ 与轨道的宽度呈正

比例关系，所以 v_{low} 才会随着轨道宽度的增加而线性增加。图 8.10(b)所示为临界启动风速和 v_{low} 与 $\cos\alpha$ 呈反比例关系的试验数据拟合图，该拟合曲线同样与式(8.2)所表述的规律($v_{\text{low}}\sim 1/\cos\alpha$)非常一致。这也进一步说明了原因：驱动力 F_{W} 沿轨道方向的分量 $F_{\text{W}}\cdot\cos\alpha$ 随着 $\cos\alpha$ 的增加而增加，导致液滴更容易移动，因此所需的驱动力会随 $\cos\alpha$ 的增大而减小。

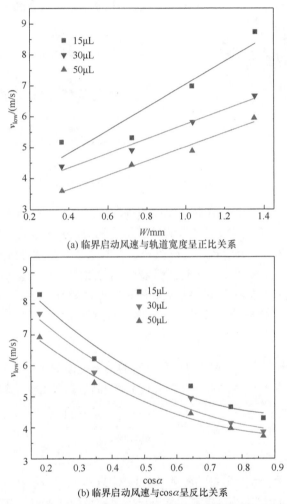

(a) 临界启动风速与轨道宽度呈正比关系

(b) 临界启动风速与$\cos\alpha$呈反比关系

图 8.10　液滴在 PDMS 轨道上临界启动风速与轨道宽度和轨道夹角的函数关系拟合图

　　除这些规律之外，还可从式(8.2)中得到 v_{low} 与液滴大小之间的关系：$v_{\text{low}}\sim 1/R$，即 v_{low} 随着液滴体积的增加而减小，这也解释了为什么较大的液滴更容易导引。

　　再来讨论液滴的临界脱轨风速与各个变量之间的函数关系。考虑到液滴在脱轨的临界状态时，其平衡关系应为 $F_{Lt} = L\gamma\cos\theta_r$ 和 $F_{Rt} = L\gamma\cos\theta_a^*$，其中 θ_a^* 是超疏水表面的前进接触角，这是与临界启动状态最大的区别；L 是沿着平行于轨道的方向的接触面积的长度(图 8.9)，该长度的测定已在图 8.10 中有详细解释。又由杨氏方程可知，垂直于轨道的约束力的最大值应为 $(F_{Lt} - F_{Rt})_{max} = L\gamma(\cos\theta_r - \cos\theta_a^*)$，因此驱动力在轨道法线方向的分量为 $F_W \cdot \sin\alpha \sim R\mu v_{wind} \cdot \sin\alpha$，从而可得 v_{upp} 的表述公式为

$$v_{upp} = \frac{k\left[\gamma L\left(\cos\theta_r - \cos\theta_a^*\right)\right]}{R\mu\sin\alpha} \tag{8.3}$$

同样地，当轨道的材质、液滴自身的各项参数均不变(即 k、γ、$\cos\theta_r$、$\cos\theta_a^*$、R 和 μ 均不变)时，可从式(8.3)中得到液滴的临界脱轨风速与接触线长度呈正比例关系，而液滴的临界脱轨风速与轨道夹角有关的系数 $\sin\alpha$ 呈反比例关系。

为了证明式(8.3)的有效性，图 8.11 分别对 v_{upp} 和 L，v_{upp} 和 $\sin\alpha$ 之间的函数关系进行了拟合。从图 8.11(a)看出，对于体积一定的液滴，临界脱轨风速 v_{upp} 与接触线沿轨道长度 L 存在正比例关系，这与从式(8.3)中推导出来的 $v_{upp} \sim L$ 理论关系有很好的一致性。说明对于相同的液滴，L 的值随 W 的增加而相应地增加，导致阻力 $(F_{Lt} - F_{Rt})_{max} = L\gamma(\cos\theta_r - \cos\theta_a^*)$ 更强，所以液滴更难脱轨。图 8.11(b)所示为临界脱轨风速 v_{upp} 与 $\sin\alpha$ 呈反比例关系的试验数据拟合图，该拟合曲线同样与式(8.3)所表述的规律($v_{upp} \sim 1/\sin\alpha$)一致性较好。这也进一步说明了原因：对于相同的液滴，随着夹角 α 增加，垂直于轨道($F_W \cdot \sin\alpha$)的驱动力的分量相应地增长，因此液滴更容易被吹离轨道。类似地，v_{upp} 随着液滴体积的增加而减小，这也可以从式(8.3)中推断出($v_{upp} \sim 1/R$)，所以更大的液滴更容易脱离轨道。

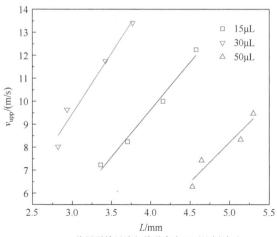

(a) 临界脱轨风速与轨道宽度呈正比例关系

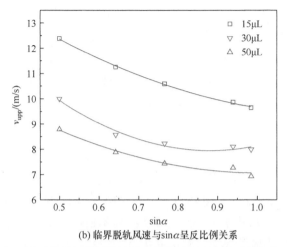

(b) 临界脱轨风速与 $\sin\alpha$ 呈反比例关系

图 8.11　液滴在 PDMS 轨道上临界脱轨风速与轨道宽度和轨道夹角的函数关系拟合图

8.4　基于超疏水轨道的液滴快速导引方法

8.4.1　快速导引运动学规律

由于超疏水表面的表面能非常低，故液滴在这种表面运动时所需的驱动力也极小，如果采用风洞测试系统，难以得到有效的试验数据。因此，选择重力测试系统来进行试验[9,10]。试验主要变量为两个角度变量：改变俯仰角 θ，以及固定俯仰角 θ 值改变偏角 β(图 8.12)。通过改变这两个夹角，测试不同角度下液滴启动和脱落时所需角度的导引范围。此外，还有液滴体积和轨道宽度两个变量。

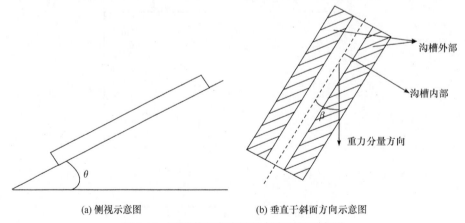

(a) 侧视示意图　　　　　　　　(b) 垂直于斜面方向示意图

图 8.12　试验装置角度测试角度变量示意图

8.4.2 快速导引现象

图 8.13 是液滴在超疏水轨道上运动示意图,从图中可以直接观察到液滴在超疏水轨道上的导引为快速导引。

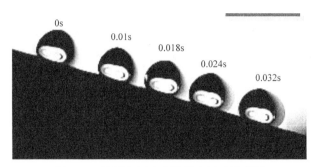

图 8.13 液滴在超疏水轨道上运动示意图

采用高速摄像机对液滴的超疏水轨道上的运动进行拍摄液滴通过长度 40mm 的轨道用时只需 0.032s,而且其运动所需的俯仰角也仅为 30°;联系 8.3.1 节的 3. 部分,液滴在 PDMS 轨道上运动时所需要的时间与液滴在超疏水轨道上运动所需的时间之间至少相差两个数量级。

由于加工后的试验板上存在微结构,根据 Cassie 理论,通过增加气液界面面积比(增加沟槽宽度和沟槽间距的比值),可以进一步提高接触角[6-8],所以沟槽内壁的接触角比沟槽外部的接触角更大,而由于沟槽高度差的限制,液滴被束缚在轨道上不容易脱轨,因此液滴可以进行快速导引。

液滴在超疏水轨道上运动时,以球形从轨道表面滚落,且在运动期间伴有一定频率的振荡。当逐渐增大俯仰角时,液滴的振荡加剧,且在运动中途脱离轨道,但如果液滴的运动速度不是特别大,在其脱离轨道后,会被比原来的轨道更大的轨道束缚住,并继续沿着后来将其束缚住的轨道继续运动,而不是全程脱离轨道。这是超疏水轨道与其他轨道上液滴脱离现象的最大差别。

8.4.3 轨道俯仰角 θ 的导引规律

本次试验给出液滴可被导引的俯仰角范围,即完整地测试了液滴的临界启动俯仰角和临界脱轨俯仰角。为了更加充分地了解该范围的一般规律,本试验还测试了液滴临界启动俯仰角以及临界俯仰角分别与轨道宽度和液滴体积之间的关系。相应的试验变量有:超疏水 V 型轨道的轨道宽度(W=0.8mm,1.0mm,1.2mm 和 1.4mm)和液滴体积(9μL,15μL,25μL 和 39μL)。

图 8.14(a)为 β=0°时不同体积的液滴运动所需的临界启动俯仰角与沟槽宽度的关系,图 8.14(b)为 β=0°时不同体积的液滴运动时的临界脱轨俯仰角与沟槽宽度的

关系。据图 8.14(a)所示，当偏角 β=0°(即轨道方向和重力在斜面上的分量方向重合时)，沟槽宽度为 0.8mm 时的临界启动俯仰角和沟槽宽度为 1.4mm 时的临界启动俯仰角之间的变化在 3°以内；而从图 8.14(b)中可得，当偏角 β=0°，沟槽宽度为 0.8mm 时的临界脱轨俯仰角和沟槽宽度为 1.4mm 时的临界脱轨俯仰角之间的变化同样在 3°以内。因此，沟槽的宽度对不同体积的液滴在不同轨道上运动所需的起始角度和脱轨角度影响很小。

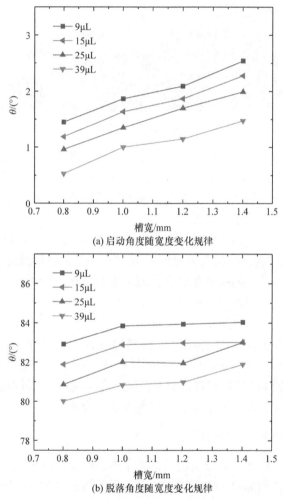

(a) 启动角度随宽度变化规律

(b) 脱落角度随宽度变化规律

图 8.14　液滴在超疏水轨道上 θ 角随宽度变化曲线

同理，可发现液滴体积对液滴在不同轨道上运动所需的起始角度和脱轨角度影响也不大，但从图中也能看出与第 7 章及 8.3 节一致的规律：液滴越大，越容易被导引。本部分的试验并未取较大体积的液滴，这是因为大体积的液滴非常容易脱轨，不利于试验的进行。

8.4.4　轨道偏角 β 的导引规律

本次试验给出液滴可被导引的偏角范围，即在不同的俯仰角下完整地测试了液滴的临界脱轨偏角。需要说明的是，偏角范围都是从 $0°$ 开始变化的，故这部分的试验数据只给出了临界脱轨偏角。当偏角 β 为 $0°$ (即轨道方向和重力在斜面上的分量方向一致)时，在固定的 θ 角($20°$，$30°$，$40°$，$50°$，$60°$)的情况下，所有的液滴都是可以导引的，这可以从 8.4.3 节得到依据。故所确定的俯仰角 θ 的取值分别为 $20°$，$30°$，$40°$，$50°$，$60°$。

图 8.15 是固定液滴体积和俯仰角时，液滴脱轨所需的偏角 β 与轨道宽度的变化曲线图。单看每一条变化曲线，可发现轨道宽度越大，液滴脱轨所需的偏角 β 也越大，并且这种变化趋势是近似线性增长的，但其变化趋势有所不同。将各个图中的变化曲线进行对比，还可以得到不同的 θ 角对液滴脱轨所需 β 角的影响规律：当 θ 角越小，临界脱轨偏角 β 的范围越大且随槽宽的变化趋势越来越明显，即可导引的 β 角的范围越来越大。

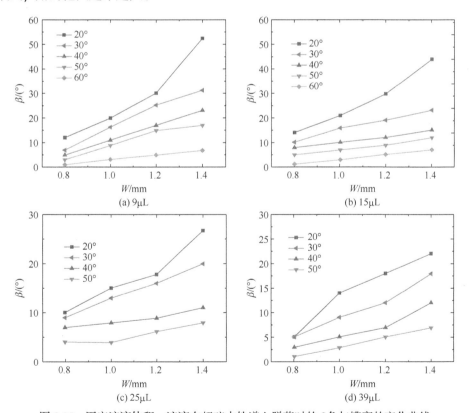

图 8.15　固定液滴体积，液滴在超疏水轨道上脱落时的 β 角与槽宽的变化曲线

　　图 8.16 是固定俯仰角 θ，液滴脱轨时所需的偏角 β 与轨道宽度的变化曲线。将图中各个变化曲线进行对比，可以得到不同的液滴体积对液滴脱轨所需 β 角的影响规律：液滴体积越小，沟槽的导引范围越大；而且，直径在毛细长度以内的液滴(9μL)，其 β 角随沟槽宽度的变化更为明显，而直径大于毛细长度的液滴，β 角随沟槽宽度的变化趋势基本是相似的，但变化趋势与直径在毛细长度以内的液滴相比，其变化趋势较为平缓。比如，从图中可知，当 $\theta=20°$ 时，体积为 9μL 的液滴在沟槽宽度为 0.8mm 时临界脱轨偏角为 13°，而在沟槽宽度为 1.4mm 时临界脱轨偏角就上升至 52°；相比之下，体积为 39μL 的液滴在沟槽宽度为 0.8mm 时临界脱轨偏角为 8°，而在沟槽宽度为 1.4mm 时临界脱轨偏角也没有超过 20°，显然差距是比较明显的。这也反映了一个事实，快速导引方法最适合液滴直径在毛细长度以内的液滴，对于大液滴而言，该导引方法并不稳定。

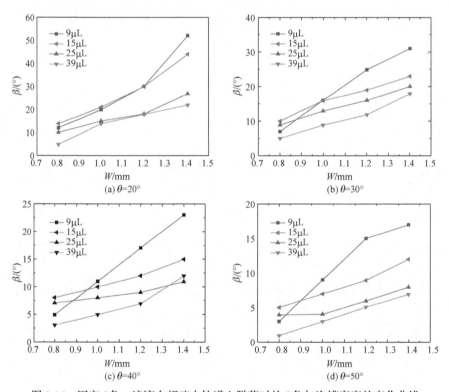

图 8.16　固定 θ 角，液滴在超疏水轨道上脱落时的 β 角与沟槽宽度的变化曲线

8.5　快速导引力学分析

　　与无质量损失导引的实质类似，液滴在超疏水轨道上运动时的前接触线和后

接触线的速度更加接近。仿照对无质量损失导引的力学分析方法,也可以通过接触线理论对这种快速导引现象建立力学模型。

图 8.17 是以接触线理论为基础的液滴在重力测试系统下的受力分析图。由于重力测试系统是三维立体结构,故分别做出两个视图,以便使受力图更加清楚。

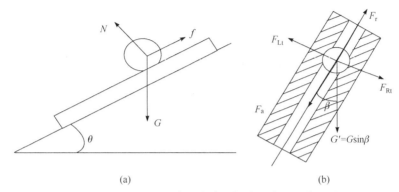

图 8.17　重力测试系统下液滴沿轨道运动理论分析图

当液滴能够沿着超疏水轨道移动时,其头部区域的接触角达到前进接触角 θ_a,尾部区域的接触角达到后退接触角 θ_r。这里, θ_a 和 θ_r 是由轨道相同材料制成的平面上的接触角。阻力 f 为 $F_r - F_a = \gamma W(\cos\theta_r - \cos\theta_a)$,其中 γ 和 W 分别是水的表面张力系数和轨道的宽度。驱动力沿轨道方向的分量为 $mg \cdot \sin\theta \cdot \cos\beta$。为了使液滴向前移动,它应该满足:

$$mg\sin\theta\cos\beta \geqslant \gamma W\left(\cos\theta_r - \cos\theta_a\right) \tag{8.4}$$

讨论

(1) 当偏角 $\beta = 0°$ 时,讨论 θ 和沟槽宽度 W 之间的关系。

当液滴恰好可以运动时,公式(8.4)变为 $mg \cdot \sin\theta \geqslant k \cdot \gamma W(\cos\theta_r - \cos\theta_a)$,又由于 $m = \rho V$, V 是液滴的体积, ρ 是液滴的密度,则有

$$\sin\theta = k\frac{W}{V} \cdot \frac{\gamma\left(\cos\theta_r - \cos\theta_a\right)}{\rho g} \tag{8.5}$$

试验中的 $W_{max} = 1.4\text{mm}$, $V_{min} = 9\mu\text{L}$,令 $k = 1$, $\theta_a = 160°$, $\theta_r = 150°$,则根据公式,液滴启动所需的 $\theta_{max} = 4.8°$,同理可得理论上推导的 $\theta_{min} = 0.4°\theta$,根据理论推导得到的 $\Delta\theta_{max} = \theta_{max} - \theta_{min} = 4.4°$,该变化区间极小,与试验结果是吻合,这也从理论上证明了沟槽宽度对液滴启动时所需 θ 角的影响不大。

(2) 当 θ 值一定时，讨论 β 和轨道宽度 W 之间的关系。

当偏角 β 过大时，液滴就会脱轨。液滴脱轨的临界状态的平衡关系应为 $F_{\mathrm{Lt}}=L\gamma\cos\theta_{\mathrm{r}}$ 和 $F_{\mathrm{Rt}}=L\gamma\cos\theta_{\mathrm{a}}$，$L$ 是沿着平行于轨道的方向的接触面积的长度，这里需要说明的是，与液滴在由润湿阶跃产生的轨道上的情况不同，在超疏水沟槽上，液滴不会受到润湿阶跃的束缚，即液滴在 W 和 L 方向上的受力是一致的，所以，在处理 L 和 W 的关系时，可将其值近似为相等。因此垂直于轨道的约束力的最大值表示为 $(F_{\mathrm{Lt}}-F_{\mathrm{Rt}})_{\max}=W\gamma(\cos\theta_{\mathrm{r}}-\cos\theta_{\mathrm{a}})$。

由于 $mg\cdot\sin\theta\cdot\sin\beta\leqslant\gamma W(\cos\theta_{\mathrm{r}}-\cos\theta_{\mathrm{a}})$ 是液滴脱轨的条件，故临界条件下，可得

$$\sin\beta=\frac{k\left[\gamma W\left(\cos\theta_{\mathrm{r}}-\cos\theta_{\mathrm{a}}\right)\right]}{mg\sin\theta} \tag{8.6}$$

当轨道的材质以及液滴自身的各项参数均不变(即 k、γ、$\cos\theta_{\mathrm{r}}$、$\cos\theta_{\mathrm{a}}$、R 和 μ 均不变)时，可从式(8.6)中可得到液滴的临界脱轨偏角的参数 $\sin\beta$ 与轨道宽度呈正比例关系。图 8.18 为固定俯仰角 θ 以及液滴体积情况下液滴脱轨时 $\sin\beta$ 与轨道关系拟合图，图中结果证明了推测。

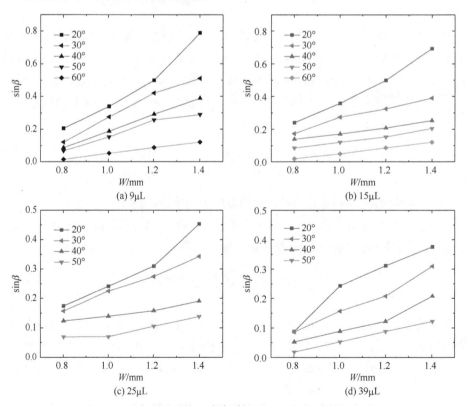

图 8.18　重力测试系统下液滴脱轨时 $\sin\beta$ 与轨道宽度关系图

8.6　本 章 小 结

本章主要介绍了基于 PDMS 轨道的液滴无质量损失导引方法和基于超疏水轨道的液滴快速导引方法。关于基于 PDMS 轨道的液滴无质量损失导引方法，首先，通过润湿阶跃方法制备了导引轨道；其次，通过简易重力设备发现了液滴在 PDMS 轨道上的运动是无质量损失的导引，并通过风力设备发现液滴在驱动力过大时可实现完全脱轨，即存在临界脱轨风速；再次，基于上述试验现象，通过风洞测试系统完整地测试了不同体积的液滴在不同轨道宽度、不同轨道夹角的情况下的可导引的风速范围(即分别测试了临界启动风速和临界脱轨风速)；最后，针对该现象，建立了以接触线理论为基础的力学模型，对该模型进行了详细的理论分析，分别得出临界启动风速和临界脱轨风速与轨道宽度、轨道夹角和液滴半径的理论关系，并将该理论关系和试验数据进行拟合，发现试验数据和理论分析的吻合情况良好。

关于基于超疏水轨道的液滴快速导引方法，首先，通过机械加工方法制备了导引轨道；其次，液滴在超疏水轨道上的导引作为又一种无质量损失导引，液滴在其上的运动速度比液滴在 PDMS 轨道上的运动速度要快数倍，故称其为快速导引；再次，基于上述试验现象，通过重力测试系统测试了在不同偏角和俯仰角下，不同体积的液滴在不同轨道宽度下的可导引的角度范围；最后，针对该现象，同样建立了以接触线理论为基础的力学模型，对该模型进行了详细的理论分析，发现试验数据和理论分析的情况吻合。

参 考 文 献

[1] Richard D, Quéré D. Viscous drops rolling on a tilted non-wettable solid[J]. Epl, 1999, 48(3): 286.

[2] Oneill M E. A sphere in contact with a plane wall in a slow linear shear flow[J]. Chemical Engineering Science, 1968, 23 (11): 1293-1298.

[3] Ruiter J D, Mugele F, Ende D V D. Air cushioning in droplet impact. I. Dynamics of thin films studied by dual wavelength reflection interference microscopy[J]. Physics of Fluids, 2015, 27(1): 012104.

[4] Kim H Y, Lee H J, Kang B H. Sliding of liquid drops down an inclined solid surface[J]. Journal of Colloid & Interface Science, 2002, 247(2): 372.

[5] Fang G, Li W, Wang X, et al. Droplet motion on designed microtextured superhydrophobic surfaces with tunable wettability[J]. Langmuir, 2008, 24(20): 11651-11660.

[6] Gao L, Mccarthy T J. How Wenzel and Cassie were wrong[J]. Langmuir, 2006, 23 (7): 3762-3765.

[7] Gao L C, Mccarthy T J. Reply to "comment on how Wenzel and Cassie were wrong by Gao and McCarthy"[J]. Langmuir, 2007, 23(26): 13243.

[8] Seo K, Kim M, Kim D H. Validity of the equations for the contact angle on real surfaces[J]. Korea-Aust Rheol J, 2013, 25(3): 175-180.

[9] Hu H B, Huang S H, Chen L B. Droplet impact on regular micro- grooved surfaces [J]. Chin. Phys. B., 2013, 22 (8): 084702 .

[10] 黄苏和, 胡海豹, 陈立斌, 等. 剪切气流驱动下微沟槽表面液滴受力分析[J]. 上海交通大学学报, 2014, 48(2): 71-75.

第9章　水膜轨道上水滴导引

9.1　引　　言

由相似相溶原理知，结构相似的物质之间易于混溶，结构差异较大的物质难溶[1]，所以，同一种液体之间绝对相互溶解。物质的溶解是分子间作用力的结果，液体之间溶解度越大，说明液体内部分子间作用力越强，那么同一种溶液内部分子间的吸引力相较于两种不同溶液绝对最大[2]，因此用水膜导引水滴是很理想的导引方法。按此思路，本章将介绍水膜导引方法的试验现象、运动规律以及建立力学模型进行理论分析，对不同运动学规律进行深度合理的解释。

9.2　水膜轨道的制备方法

若直接将多孔纤维材料放在去离子水中浸泡后取出，形成的水膜轨道会由于蒸发作用，短时间内失效。本章制作水膜的办法，是将多孔纤维材料在吸湿剂饱和溶液中浸泡，浸泡后的多孔纤维材料内部会充满饱和稀释溶液，然后将其取出形成水膜轨道。由于吸湿剂出色的吸湿能力，可以保证水膜长久地存在于多孔纤维材料上，使得水膜轨道长时间有效[3-5]。水膜轨道对基板材料无特殊要求，适用范围较广。

试验选取的多孔纤维材料为碳纤维，吸湿剂饱和溶液是氯化锂溶液。氯化锂密度为 $2.068g/cm^3$，熔点为 3605℃，沸点为 1360℃，并且其溶液具有良好的稀释性。一定浓度的氯化锂溶液，在一定温度下，与湿空气充分接触，可使湿空气的含湿量大幅度降低，保持平衡稳定。并且氯化锂的吸湿能力与其浓度和温度有关，浓度越高，温度越低，吸湿能力越大；反之，吸湿能力小，甚至增湿。标准状况下，其在水中的溶解度为 67g/100ml。

图 9.1 为碳纤维分别浸泡在浓度为 15%、30%、50%、60%的氯化锂溶液内，1h 后取出，发现浸泡浓度为 60%时，碳纤维产生的水膜最明显。故以下内容所需的水膜轨道，皆是将多孔碳纤维浸泡在浓度为 60%的氯化锂溶液中，1h 后取出放置在基板上形成的。这样水膜可以在碳纤维上长期保持，即使将其放置在空气中超过一周的时间，也无显著变化。同时，经过一系列的水滴试验，水膜仍可保持

稳定与完整。

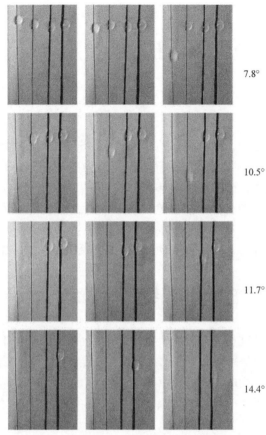

图 9.1　水滴在水膜轨道上运动过程现象图

9.3　水膜轨道导引现象

9.3.1　水滴的启动

　　选择重力测试系统来进行试验，试验装置同第 7、8 章。图 9.1 为水滴在水膜轨道上启动过程现象图，图中偏角 $\beta=0°$，基底材料为超疏水表面，水滴的体积为 25μL，子图中的四条黑色线从左到右依次表示宽度为 0.1mm、0.2mm、0.5mm、0.7mm 的带有水膜的多孔纤维。当俯仰角尚未达到水滴的滚动角时，水滴停滞在原地，无运动现象；持续增加俯仰角，当其增大到超过水滴的临界滚动角时，水滴会沿重力分力方向运动。可以发现水滴在 0.1mm、0.2mm、0.5mm、0.7mm 宽度的水膜轨道上的滚动角分别为 7.8°、9.5°、11.7°、14.4°。初步推测随着水膜轨道宽度增大，水滴的滚动角逐渐增大。

　　另外，观察水滴在水膜轨道的运动侧面图(图 9.2)，发现水滴刚滴于水膜轨道时成扁球形，而在运动过程中水滴的重心逐渐前移，呈现出蝌蚪状形态。 图中，俯仰角 $\theta=45°$，偏角 $\beta=0°$，水滴的体积为 63μL，轨道宽度为 1mm，基底材料为超疏水表面。

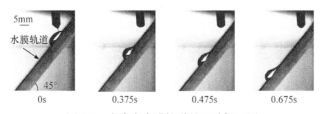

图 9.2　水滴在水膜轨道的运动侧面图

9.3.2　水滴的导引

　　进行水滴的导引试验时发现，试验结果与猜想相似，相同的试验条件下，水膜轨道的导引范围大于亲水轨道的导引范围。图 9.3 展示了 18μL 的水滴在不同轨道上的导引状态图。发现水滴在沿着偏角为 55°的水膜轨道移动长达 72mm 时，偏角为 4°亲水轨道已无法导引水滴。以此证明了水膜轨道导引的稳定性。图中水膜轨道宽度为 0.7mm。

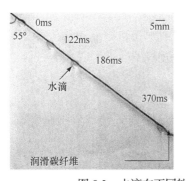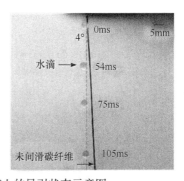

图 9.3　水滴在不同轨道上的导引状态示意图

9.3.3　导引的失效

　　在试验过程中发现，用水膜轨道导引水滴时，导引失效类型有两种：一为脱离型，由于轨道束缚力不足，此时水滴会脱离水膜轨道，沿着重力分力方向竖直下落，如图 9.4(a)所示；二为停滞型，由于动力不足，此时水滴直接停滞在轨道上不能导引，如图 9.4(b)所示。图 9.4 中，水膜轨道宽为 0.3mm，俯仰角为 50°，偏角为 84°，基底材料为超疏水表面。图 9.4(a)中水滴体积为 32μL，图 9.4(b)中水滴体积为9μL。

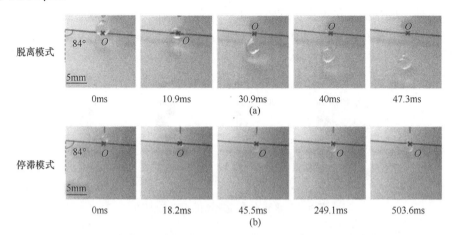

脱离模式

停滞模式

图 9.4　水滴在水膜轨道上导引失效图(×符号处为导引失效点)

(a) 脱离型；(b) 停滞型

9.4　水膜导引运动学规律

9.4.1　水膜轨道上水滴滚动角变化规律

本节在重力试验系统中，测试了不同水滴体积(9～63μL)在不同水膜轨道宽度的运动学规律。试验测试了水滴在超疏水表面水膜轨道滚动角的同时，又测试了水滴在亲水 PVC 表面水膜轨道的滚动角，发现不同基底表面上水膜轨道的水滴滚动角的变化规律却不尽相同，见图 9.4(此时偏角 β=0°，即轨道方向和重力在斜面上的分量方向重合)，每次测量重复至少 5 次。

从图 9.5(a)中可以看出，超疏水表面水膜轨道宽度 W 越大水滴滚动角 α 越大，水滴体积 V 越小水滴滚动角 α 越大。而在亲水 PVC 表面(图 9.5(b))上，虽然水滴滚动角 α 随着水滴体积 V 的减小而增大，但却随着轨道宽度 W 的逐渐增大而减小。这表明，超疏水表面水膜轨道宽度越小越易于水滴移动，而亲水表面水膜轨道宽度越大越易于水滴移动；另外较大的液滴无论在超疏水表面还是在亲水表面皆更易移动。

9.4.2　超疏水表面水膜轨道水滴导引规律

根据水滴在不同宽度水膜轨道的滚动角变化规律，可确定使水滴在水膜轨道上运动的俯仰角范围。本次试验在水滴运动的俯仰角范围内，通过改变偏角 β 的值，使水滴不再沿重力分力的方向移动，而是沿着水膜轨道运动，实现水膜轨道的导引。试验时，偏角范围从 0°开始以 0.1°的增量逐渐增大，观察导引现象，给出最大导引偏角，即可得到水滴在不同宽度水膜轨道的可导引偏角范围。取俯仰角 θ 分别为 25°、40°、55°、70°，此时，所有的水滴皆可导引。

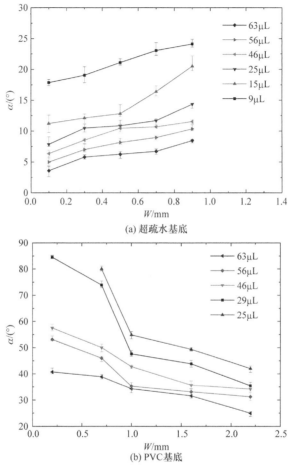

(a) 超疏水基底

(b) PVC基底

图 9.5　不同基底表面上水膜轨道的水滴滚动角变化曲线图

　　图 9.6 为不同俯仰角下，水膜轨道上水滴最大导引偏角 β_{max} 的变化曲线图，其中每个点为 10 次试验的平均值。图中规律曲线相互交错，表面看去无明显导引规律，但用实心点表示随横坐标(水膜宽度)逐渐增加的数据点，空心点表示随横坐标逐渐减少的数据点后，规律呈现清晰状态。仔细观察发现，实心点处的最大导引偏角 β_{max} 随着水膜轨道宽度 W 的增加而增大的同时，随着水滴体积 V 的增大而减小；空心点处的最大导引偏角 β_{max} 随着水膜轨道宽度 W 的增加而减小的同时，随着水滴体积 V 的增大而增大，推测此现象并非巧合。

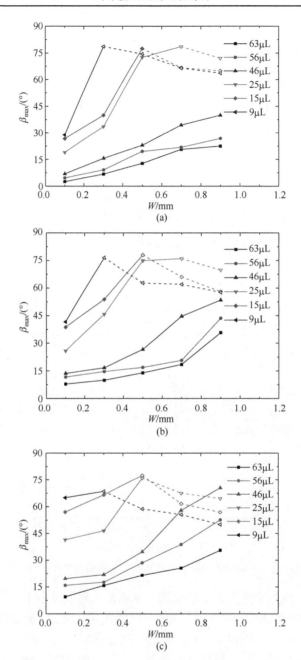

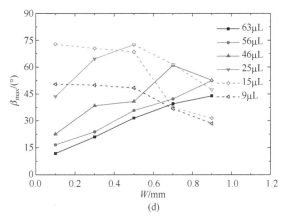

(d)

图 9.6　水滴最大导引偏角与水膜宽度的变化曲线图

(a) θ =70°；(b) θ =55°；(c) θ =40°；(d) θ =25°。实心点—脱离型，空心点—停滞型

结合图 9.4 发现，图 9.6 中全部实心点处的数据对应的导引失效形式为脱离型，空心点处的数据对应的导引失效形式为停滞型。所以导引失效形式为脱离型的水滴，水膜轨道宽度 W 越大，可导引范围越大；水滴体积 V 越小，可导引范围越大。而导引失效形式为停滞型的水滴，水膜轨道宽度 W 越小，可导引范围越大；水滴体积 V 越大，可导引范围越大。

图 9.7 为不同水膜轨道尺寸下水滴最大导引偏角 β_{max} 与俯仰角 θ 的变化曲线图，可以看出脱离型的水滴，最大导引偏角 β_{max} 随着俯仰角 θ 的增加而减小；即俯仰角越小 θ，可导引范围越大。而停滞型的水滴，最大导引偏角 β_{max} 随着俯仰角 θ 的增加而增大，即俯仰角 θ 越大，可导引范围越大。

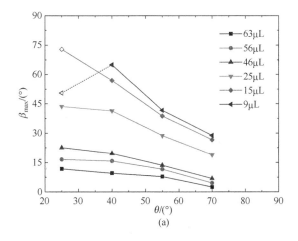

(a)

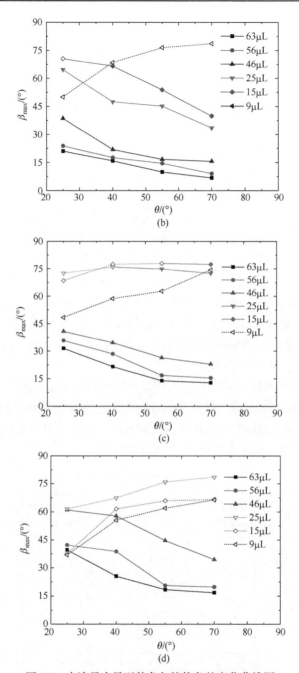

图 9.7　水滴最大导引偏角与俯仰角的变化曲线图

(a) W=0.1mm；(b) W=0.3mm；(c) W=0.5mm；(d) W=0.7mm。实心点—脱离型，空心点—停滞型

9.4.3　亲水表面水膜轨道水滴导引规律

根据亲水(PVC)表面水膜轨道的水滴滚动角变化曲线图，选取水滴在亲水表面水膜轨道的俯仰角为70°，PVC表面的水膜轨道宽度为W=0.7mm、1mm、1.6mm、2.2mm和水滴体积为25μL、29μL、46μL、56μL、63μL进行试验。同样，偏角范围从0°开始以0.1°的增量逐渐增大，观察导引现象，给出最大导引偏角，得到不同体积的水滴在不同宽度水膜轨道的可导引的偏角范围。

图9.8为亲水表面水膜轨道上水滴最大导引偏角β_{max}的变化曲线图，发现导引失效形式大部分为停滞型，停滞型水滴最大导引偏角β_{max}随着水膜轨道宽度W的增加而增大，随着水滴体积V的增大而增大；即水膜轨道宽度W越大，水滴体积V越大，可导引范围越大。

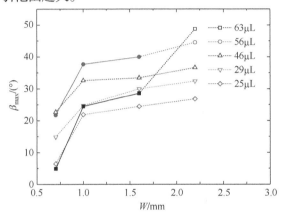

图9.8　PVC表面水膜轨道水滴最大导引偏角与俯仰角的变化曲线图

实心点—脱离型，空心点—停滞型

9.4.4　水滴导引与基底材料关系

由于亲水表面水膜轨道的水滴导引的规律与超疏水基底水滴导引规律大不相同，故将寻求水滴导引与基底材料之间的关系。分别测得水滴在PDMS、PVC、有机玻璃和聚四氟乙烯材料的接触角与滚动角，见表9.1。

表9.1　水滴在不同基底材料的接触角与滚动角

基底材料	PDMS	PVC	有机玻璃	聚四氟乙烯
接触角/(°)	100.743	82.12	71.765	108.435
滚动角/(°)	74	67	53	43

水滴运动与接触角滞后(滚动角)密切相关，而与静态接触角无关。故试验探索了水膜轨道水滴滚动角与没有水膜轨道基底本身的滚动角之间关系，如图9.9(a)所示；水膜轨道水滴最大导引偏角与基底滚动角的关系，如图9.9(b)所示。其大致规律为，随着基底滚动角的增加，水膜轨道水滴滚动角及最大导引偏角都增加，但存在个别点的浮动。这是由于同一个基于多孔纤维材料的水膜轨道，在不同的表面能的基底材料上，呈现的宽度不同。无法保证水膜轨道宽度的一致性，造成试验偏差。

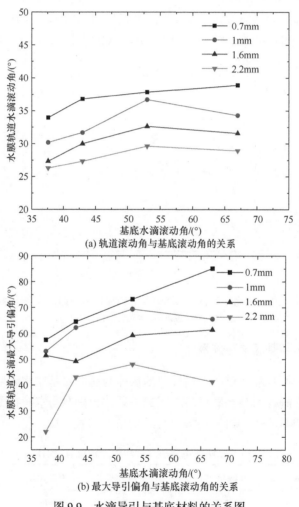

(a) 轨道滚动角与基底滚动角的关系

(b) 最大导引偏角与基底滚动角的关系

图 9.9　水滴导引与基底材料的关系图

9.5　水膜导引力学分析

9.5.1　超疏水表面水膜轨道导引力学分析

力学分析首先要建立力学模型[6-7]，本节对超疏水表面水膜轨道导引现象力学模型的建立与第 8 章类似，借助于接触线理论，观测水滴在超疏水表面水膜轨道上接触线如图 9.10(a)所示，发现水滴的接触线宽度和水膜轨道宽度 W 一致，原因与第 8 章疏水轨道相同，是由于水膜轨道表面与超疏水表面之间存在着无法跨越的能量壁垒，致使水滴的三相接触线无法延伸到超疏水表面。水滴沿轨道的接触线长度记为 L，L 是一个间接变量，与水膜轨道宽度和水滴体积有关。

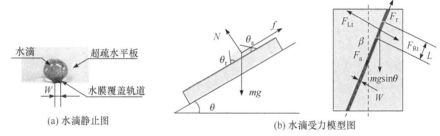

(a) 水滴静止图　　　　　　　　　　(b) 水滴受力模型图

图 9.10　超疏水基底表面水膜轨道水滴静止状态图及受力模型图(彩图请扫封底二维码)

图 9.10(b)是超疏水表面水膜轨道导引受力模型图。图中其中橘色区域代表超疏水区域，红色狭长区域代表水膜轨道，狭长轨道内的蓝绿色区域代表水滴与轨道的接触区域，蓝色区域代表水滴。在模型中，为了便于分析，接触线轮廓简化成矩形，L 代表水滴沿轨道的接触线长度，W 则为接触线宽度。并将三相接触线所受到的表面张力分别按沿轨道方向和垂直于轨道方向进行分解，得到了平行于水膜轨道的力 F_a 和 F_r 及垂直于水膜轨道的切向力 F_{Lt} 和 F_{Rt}。

由杨氏方程可得，当水滴在超疏水表面的水膜轨道静止时，水滴受到的阻力 f 为 $F_r - F_a = \gamma W(\cos\theta_r - \cos\theta_a)$，其中 γ 和 W 分别是水的表面张力系数和轨道宽度，θ_a 和 θ_r 分别是水滴在水膜轨道的前进角和后退角。

(1) 当测水滴滚动角时，即偏角 $\beta = 0°$ 时，由于滚动角就等于俯仰角 θ，所以驱动力沿轨道方向的分量记为 $mg \cdot \sin\alpha$。水滴向前运动的条件为

$$mg\sin\alpha \geqslant \gamma W\left(\cos\theta_r - \cos\theta_a\right) \tag{9.1}$$

因为 $m = \rho V$，V 是液滴的体积，ρ 是液滴的密度，则

$$\sin\alpha \geqslant \frac{W}{V} \cdot \frac{\gamma\left(\cos\theta_r - \cos\theta_a\right)}{\rho g} \tag{9.2}$$

因此 $\sin\alpha$ 可表示为

$$\sin\alpha = \frac{W}{V} \cdot \frac{\gamma\left(\cos\theta_r - \cos\theta_a\right)}{\rho g} \tag{9.3}$$

轨道的材质以及水滴自身的各项参数均不变，则 γ、$\cos\theta_r$、$\cos\theta_a$、ρ 和 g 为定值。所以，$\sin\alpha$ 与轨道宽度 W 成正比，与水滴体积 V 成反比。

　　分别对 $\sin\alpha$ 和 W, $\sin\alpha$ 和 V 之间的函数关系进行了拟合(图9.11(a)、图9.11(b))。图中，散点为试验数据得出，实线为对试验数据拟合得到的曲线，二者基本吻合，证明了式(9.3)的有效性。所以 W 越大，α 就越大；V 越小，α 就越大。进一步解释了，水膜轨道宽度越大，水滴滚动角越大，水滴体积越小，滚动角越大的原因。

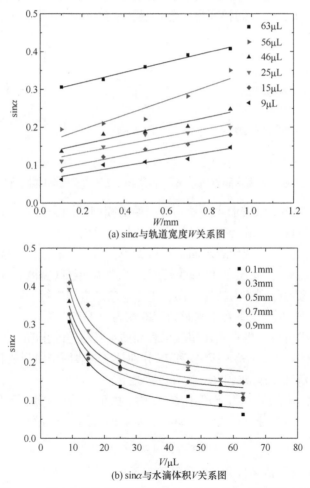

(a) $\sin\alpha$ 与轨道宽度 W 关系图

(b) $\sin\alpha$ 与水滴体积 V 关系图

图9.11　超疏水基底表面水膜轨道上水滴滚动角正弦值拟合图

(2) 当测试水滴导引偏角时，发现水滴的导引规律与水滴的导引失效形式有关。

A. 水滴导引失效形式为脱离型时，其临界状态的平衡关系应为 $F_{Lt}=L\gamma\cos\theta_r$ 和 $F_{Rt}=L\gamma\cos\theta_{a1}$，$\theta_{a1}$ 是超疏水表面的前进接触角，L 是沿着平行于轨道方向的接触面积的长度。因此垂直于轨道的约束力的最大值表示为 $(F_{Lt}-F_{Rt})_{max}=L\gamma(\cos\theta_r-\cos\theta_{a1})$。

驱动力垂直轨道方向的分量为 $mg\cdot\sin\theta\cdot\sin\beta$，当 $mg\cdot\sin\theta\cdot\sin\beta>\gamma L(\cos\theta_r-\cos\theta_{a1})$ 时，水滴导引失效，且失效形式为脱离型。故导引偏角 β 满足：

$$\sin\beta<\frac{L}{V}\cdot\frac{\gamma(\cos\theta_r-\cos\theta_{a1})}{\rho g\sin\theta} \tag{9.4}$$

最大导引偏角 β_{max} 满足：

$$\sin\beta_{max}=\frac{L}{V}\cdot\frac{\gamma(\cos\theta_r-\cos\theta_{a1})}{\rho g\sin\theta} \tag{9.5}$$

因为 γ、$\cos\theta_r$、$\cos\theta_{a1}$、ρ 和 g 为定值，所以导引失效形式为脱离型时最大导引偏角的正弦值 $\sin\beta_{max}$ 与轨道宽度 L 成正比，与水滴体积 V 以及俯仰角 θ 成反比。相应地，对 $\sin\beta_{max}$ 和 $\sin\theta$ 之间的函数关系进行了拟合(图 9.12)。图中，散点

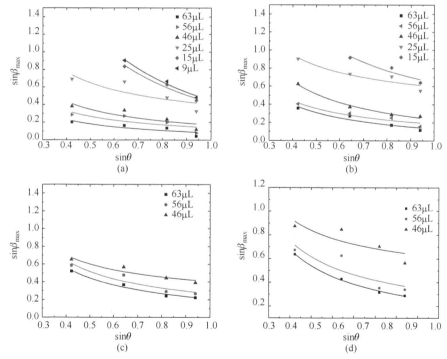

图 9.12　超疏水表面水膜轨道上水滴最大导引偏角的正弦值拟合图

(a) W=0.1mm；(b) W=0.3mm；(c) W=0.5mm；(d) W=0.7mm。导引失效形式为脱离型

为试验数据,实线为拟合曲线,二者相互吻合,证明了式(9.5)的有效性。所以β_{max}随L的增加而相应地增加,随V的增加而减小,随θ的增加而减小。对于相同的水滴,L的值随W的增加而相应地增加,故导引失效形式为脱离型的水滴,最大导引偏角β_{max}随着水膜轨道宽度W的增加而增大,随着水滴体积V的增大而减小,随着俯仰角θ的增大而减小。

B. 水滴导引失效形式为停滞型时,平行于轨道的约束力的最大值表示为$(F_r-F_a)_{max}=\gamma W(\cos\theta_r-\cos\theta_a)$。驱动力沿轨道方向的分量为$mg\cdot\sin\theta\cdot\cos\beta$,当$mg\cdot\sin\theta\cdot\cos\beta<\gamma W(\cos\theta_r-\cos\theta_a)$时,水滴导引失效,且失效形式为停滞型。故最大导引偏角β_{max}满足:

$$\cos\beta_{max}=\frac{W}{V}\cdot\frac{\gamma(\cos\theta_r-\cos\theta_a)}{\rho g\sin\theta}\qquad(9.6)$$

导引失效形式为停滞型时最大导引偏角的余弦值$\cos\beta_{max}$与轨道宽度W成正比,与水滴体积V以及俯仰角θ成反比。对$\cos\beta_{max}$和$\sin\theta$之间的函数关系进行了拟合(图9.13)。同样证明了式(9.6)的有效性。进而证明了导引失效形式为停滞型的水滴,最大导引偏角随着水膜轨道宽度的增加而减小,随着水滴体积的增大而增大。

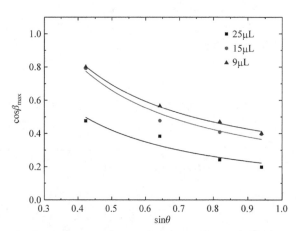

图 9.13　超疏水表面水膜轨道上水滴最大导引偏角的余弦值的拟合图
导引失效形式为停滞型,水膜轨道尺寸 0.7mm

9.5.2　亲水表面水膜轨道导引力学分析

水滴在亲水表面水膜轨道接触线形态,与超疏水表面大有不同。观测水滴在PVC 表面水膜轨道接触线如图 9.14(a)所示,水滴的接触线宽度L_1大于水膜轨道宽度W。图 9.14(b)是亲水表面水膜轨道导引受力模型图。图中参数与图 9.14 亲水表面水膜轨道导引受力模型图一致。

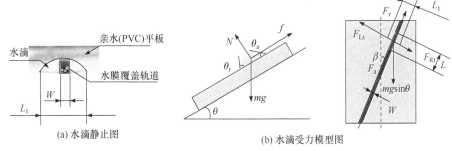

(a) 水滴静止图　　　　　　　　　　(b) 水滴受力模型图

图 9.14　亲水基底表面水膜轨道水滴静止状态图及受力模型图

由杨氏方程可得，当水滴在亲水表面的水膜轨道静止时，水滴受到的阻力 f 为 $F_r-F_a=\gamma[(L_1-W)(\cos\theta_{r2}-\cos\theta_{a2})-W(\cos\theta_r-\cos\theta_a)]$，其中 γ 和 W 分别是水的表面张力系数和轨道宽度，θ_a 和 θ_r 是水滴在水膜轨道表面的前进角和后退角，θ_{a2} 和 θ_{r2} 是水滴在亲水表面的前进角和后退角。

在测水滴启动角(偏角 $\beta=0°$)时，由于滚动角 α 就等于俯仰角 θ，所以驱动力沿轨道方向的分量为 $mg\cdot\sin\alpha$。水滴向前运动的条件为

$$mg\sin\alpha \geqslant \gamma\left[\left(L_1-W\right)\left(\cos\theta_{r2}-\cos\theta_{a2}\right)+W\left(\cos\theta_r-\cos\theta_a\right)\right] \qquad (9.7)$$

因为 $m=\rho V$，V 是液滴的体积，ρ 是液滴的密度，则 $\sin\alpha$ 的临界值为

$$\sin\alpha=\frac{\gamma L_1\left(\cos\theta_{r2}-\cos\theta_{a2}\right)-\gamma W\left[\left(\cos\theta_{r2}-\cos\theta_{a2}\right)-\left(\cos\theta_r-\cos\theta_a\right)\right]}{\rho g V} \qquad (9.8)$$

γ、$\cos\theta_r$、$\cos\theta_a$、$\cos\theta_{a2}$、$\cos\theta_{r2}$、ρ 和 g 为定值，且 $\cos\theta_{r2}-\cos\theta_{a2}>\cos\theta_r-\cos\theta_a$。若控制 V 不变，则 W 越大，α 就越小；V 越小，α 就越大。拟合图如图 9.15 所示。所以，随着水膜轨道宽度 W 的增大，水滴体积 V 的增大，水滴滚动角 α 逐渐减小。

水滴导引失效形式为停滞型时，平行于轨道的约束力的最大值表示为 $(F_r-F_a)_{max}=\gamma[(L_1-W)(\cos\theta_{r2}-\cos\theta_{a2})-W(\cos\theta_r-\cos\theta_a)]$。驱动力沿轨道方向的分量为 $mg\cdot\sin\theta\cdot\cos\beta$，当 $mg\cdot\sin\theta\cdot\cos\beta<\gamma[(L_1-W)(\cos\theta_{r2}-\cos\theta_{a2})-W(\cos\theta_r-\cos\theta_a)]$ 时，水滴导引失效，且失效形式为停滞型。故最大导引偏角 β_{max} 满足公式：

$$\cos\beta_{max}=\frac{\gamma L_1\left(\cos\theta_{r2}-\cos\theta_{a2}\right)-\gamma W[\left(\cos\theta_{r2}-\cos\theta_{a2}\right)-\left(\cos\theta_r-\cos\theta_a\right)]}{\rho g V\sin\theta} \qquad (9.9)$$

当 θ 值一定时，β_{max} 随 W 的增加而增加，随 V 的增加而减小。所以导引失效形式为停滞型的水滴，最大导引偏角 β_{max} 随着水膜轨道宽度 W 的增大而增大，随着水滴体积 V 的增大而减小。

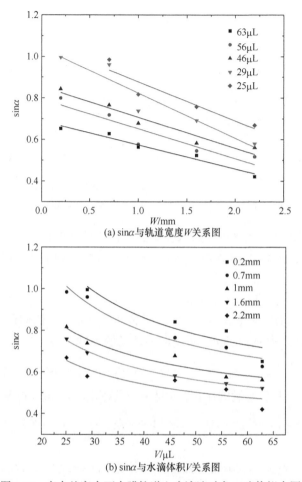

(a) sin α 与轨道宽度 W 关系图

(b) sin α 与水滴体积 V 关系图

图 9.15　亲水基底表面水膜轨道上水滴滚动角正弦值拟合图

9.6　选择性导引

　　试验发现，水膜轨道不仅拥有定向运输水滴的能力，还具有选择性导引水滴的特性[8-10]。其可用来估算水滴的体积，便于我们得到理想的水滴体积范围。

　　分别将宽为 0.2 mm、0.5 mm、0.6 mm 的水膜轨道编号为 1、2、3。图 9.16(a)展示了三个轨道上不同体积水滴的运动状态。由图 9.16(b)可以细致地观察到，9μL体积的水滴放在 1 号轨道 O 点处，会停滞不前；逐渐增大水滴体积至 15μL，其将沿着轨道移动；增大水滴体积至 18μL，水滴则会脱轨；所以，1 号水膜轨道可导引水滴的范围为 9~18μL。以相同的方法，发现 2 号轨道和 3 号轨道导引水滴范围分别为 18~32μL，32~46μL(图 9.16(c))。理论上可以缩短水滴的估算范围，实现水滴的体积的测量，充分证明了水膜导引的可行性。

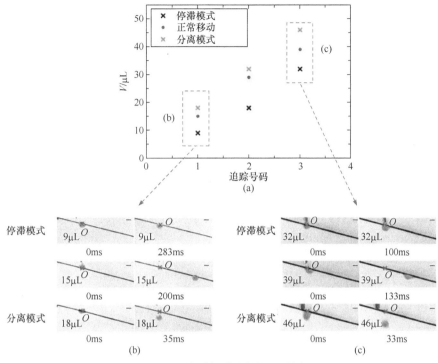

图 9.16 水膜轨道选择性导引图

9.7 本章小结

本章主要开展了水膜轨道的水滴导引研究。根据相似相溶原理，提出利用水膜轨道导引水滴的新方法，实现了水滴长距离的稳定导引。发现导引现象与规律除了受水滴体积、轨道宽度以及基底材料影响外，还与导引失效类型有关。导引失效形式为脱离型的水滴，水膜轨道宽度越大，可导引范围越大；导引失效形式为停滞型的水滴，水膜轨道宽度越小，可导引范围越大。由于两种导引失效模式的存在，水膜轨道拥有了选择性导引水滴的性质，可以在不改变基质的情况下，定向和选择性地操纵液滴，估算水滴的体积，得到我们想要的水滴体积范围。

参 考 文 献

[1] Tang Y. On the principle of "similar dissolve mutually"[J]. Journal of Shangdong college of Education, 1995, (2): 91-92.

[2] Huang Y, Gan X, Hua L. The induction effect of the debye force[J]. Journal of Hubei University

of Education, 2011, 28(2): 22-24.

[3] Seo J, Lee S, Lee J, et al. Guided transport of water droplets on superhydrophobic-hydrophilic patterned Si nanowires[J]. Applied materials & interfaces, 2011, 3: 4722-4729.

[4] Garimella M M, Koppu S, Kadlaskar S S, et al. Difference in growth and coalescing patterns of droplets on bi-philic surfaces with varying spatial distribution[J]. Journal of colloid and interface science, 2017, 505: 1065-1073.

[5] Chen H, Zhang P, Zhang L, et al. Continuous directional water transport on the peristome surface of Nepenthes alata[J]. Nature, 2016, 532(7597): 85-89.

[6] Ruiter J D, Mugele F, Ende D V D. Air cushioning in droplet impact. I. Dynamics of thin films studied by dual wavelength reflection interference microscopy[J]. Physics of Fluids, 2015, 27(1): 012104.

[7] Kollár L E, Farzaneh M. Modeling the evolution of droplet size distribution in two-phase flows[J]. International Journal of Multiphase Flow, 2007, 33(11): 1255-1270.

[8] Verheijen H J J, Prins M W J. Reversible electrowetting and trapping of charge: model and experiments[J]. Langmuir, 1999, 15(20): 6616-6620.

[9] Sommers A D, Jacobi A M. Creating micro-scale surface topology to achieve anisotropic wettability on an aluminum surface[J]. Journal of Micromechanics & Microengineering, 2006, 16(8): 1571-1578.

[10] Miwa M, Nakajima A, Fujishima A, et al. Effects of the surface roughness on sliding angles of water droplets on superhydrophobic surfaces[J]. Langmuir, 2000, 16(13): 5754-5760.

第10章 亲水光滑壁面上水滴撞击结冰行为

10.1 引 言

液滴结冰是生产生活中一种普遍的相变传热传质现象。部件表面的结冰会对生产、生活、军事等领域带来不便与危害[1-3]。如在电力系统中，塔架、电线的超负荷覆冰会造成电线断裂、塔架倒塌[4]；飞机机翼、发动机进气口、天线等部位的结冰，会降低飞机的机动性，造成通信设备失灵，严重时还可能引发恶性的飞行事故[5]；冰箱等制冷产品的覆冰，会影响产品的工作性能，造成能源的浪费。工程应用中，大多数结冰现象都发生在水滴与金属或合金壁面间[6-10]，因此，揭示水滴在亲水壁面上的结冰机理显得尤为重要。本章利用高速摄像技术，分别研究材料热导率、撞击速度(We数)以及壁面温度对水滴撞击结冰的影响规律，从能量守恒和热力学角度对规律进行理论解释，并建立水滴撞击结冰的物理模型，推导出水滴最大铺展系数和结冰时间的表达式。

10.2 试 验 方 法

10.2.1 试验装置

试验装置如图10.1所示，主要由可调低温源(温度范围−40～20℃，调节精度±0.2℃)、医用注射泵、高速摄像机2台和PC机等组成。试验中，低温壁面温度T分别设定为−15℃、−25℃、−35℃；水滴撞击速度v依次选取1.00m/s、1.41m/s、1.73m/s、2.00m/s，对应We数分别为35、70、105和140；2台高速摄像机同步俯视和侧视拍摄，采集频率均取2000fps；光源为普通100W白炽灯，从约200mm距离处侧面打光。测试试件为50mm×50mm×1mm的抛光铜板、铝板和硅板，其热导率λ分别为401W/mK，237W/mK，148W/mK，表面粗糙度均低于0.38μm。试验用水为蒸馏水，水滴直径D_0=2.6mm、密度ρ=998kg/m³、黏性系数μ=1.005×10⁻³Pa·s、表面张力系数γ=7.28×10⁻²N/m，环境温度20℃，空气湿度30RH。同时，蒸馏水在10℃和0℃时的黏性系数分别为1.308×10⁻³Pa·s和1.792×10⁻³Pa·s；表面张力系数分别为7.42×10⁻²N/m和7.56×10⁻²N/m。

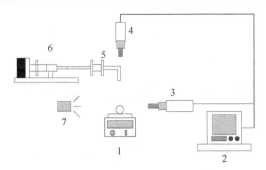

图 10.1　水滴撞击结冰试验装置图

1—制冷系统；2—PC 机；3,4—高速摄像机；5—针管；6—医用注射泵；7—光源

10.2.2　试验流程

　　试验时，注射器在压力驱动下缓慢地向前移动，使得水滴发生装置的针头顶部平稳地生成水滴，并以相应的速度撞击低温壁面。水滴的撞击速度通过改变滴落高度来控制。为避免空气摩擦对速度理论估算精度的影响，本章中水滴撞击速度的计算采用图像测试方法，取液滴撞击壁面前 1ms 内的平均速度为液滴的撞击速度。图 10.2 所示为使用接触角测量仪(机器精度为±1°，液滴体积约为 9μL)测得的模型板壁面对水的接触角照片。其中，光滑硅板、铝板、铜板的接触角 θ 的数值分别为 57°±1°、70°±1°、75°±1°。

图 10.2　不同材料属性的接触角测试(从左至右依次为：硅、铝、铜)

　　单个水滴静态结冰现象对水滴撞击结冰很有借鉴性意义。为此，试验研究了在−25℃条件下的光滑铜板表面上，直径为 2.6mm 的单个水滴的静态结冰过程，见图 10.3。可以发现，0 时刻水滴晶莹剔透，透光性极好；1.02s 时刻，水滴下部分 1/4 已经结冰，且冰和水之间有明显的分界线，水的透光性好，冰的透光性差；3.34s、8.22s、11.04s 可以看出分界线逐步向水滴顶部移动，并且水滴在从液态转变为固态的过程中，体积逐渐增大；12.92s 时刻水滴结冰完成，由于相变的影响，使得最顶部形成山尖似的凸起，这种试验现象与之前仿真的结果相呼应(图 10.4)。水滴的三种状态：液态、固液混合态和固态，对应的表观颜色或特征依次是完全透明、半透明及不透明的乳白色。因此，可以通过颜色来判别水滴是否完全结冰。

图 10.3　单个水滴静态结冰过程图

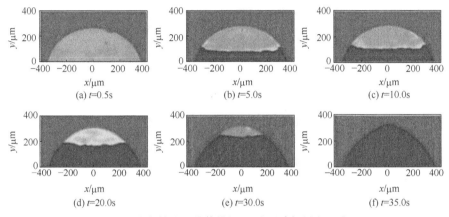

图 10.4　静态结冰的数值模拟[11](彩图请扫封底二维码)

10.3　韦伯数对水滴撞击结冰行为的影响

10.3.1　水滴撞击结冰过程

　　为对比低温结冰情况，首先研究了不同 We 数水滴撞击常温铜板壁面的运动行为，如图 10.5 所示。可以看出，水滴撞击过程分为铺展和振荡两个阶段；We 数较小时(We=35)，水滴铺展过程中边缘较厚，且达到最大铺展直径 D_{Max} 时刻，外圆环圆润且没有指状物产生；We 数较大时(We=140)，水滴铺展过程中边缘较薄，且铺展到一定程度时外边缘产生很多指状物。这是 Rayleigh-Taylor 不稳定性[12]造成的影响，即惯性作用突破水滴分子间黏性力的束缚，从而在圆周外围产生"指状物分支"。图 10.6 是水滴铺展直径随时间的变化规律，可以发现，随 We 数增加，铺展直径 D 增加，且水滴最大铺展直径 D_{Max} 依次为 5.84mm、7.05mm、8.45mm、10.14mm；最终稳定的铺展直径 D_{final} 为 4.1mm、4.4mm、4.7mm、4.9mm；以及从固液接触到水滴最终稳定静止的时间依次为 350ms、276ms、224ms、160ms。这产生的原因在于：撞击 We 数越大，水滴铺展直径越大，固液接触范围也就越大，从而增加了水滴与铜板间的黏性耗散，使得水滴更快稳定。

图 10.5　水滴撞击光滑铜板的时序图

(a) We=35；(b) We=140

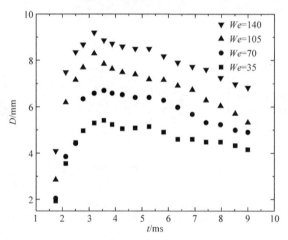

图 10.6　铺展直径 D 随时间 t 的变化关系

　　撞击 We 数是影响水滴铺展结冰的重要因素。图 10.7 展示了不同 We 数时水滴撞击−35℃的光滑铜板壁面的结冰过程(仅以铜板为例，作者也测试了铝和硅板上 We 数对水滴结冰的影响，规律与铜板类似)。可以看出：

　　(1) 水滴撞击结冰过程分铺展、振荡和结冰三个阶段。铺展阶段从固液初始接触到水滴运动至最大直径 D_{Max} 位置，约 3～5ms；且低温条件下的 D_{Max} 明显小于常温(对比图 10.3)，这是低温造成水的黏性系数 μ 和表面张力系数 γ 增大的缘故。之后水滴持续振荡，逐渐减弱并停止，属于阻尼衰减振荡(表面张力充当回复力，阻尼力源于水的黏性耗散)，约 45～135ms；但与常温不同，低温壁面上固液接触线在振荡过程中始终保持不变，其原因可能在于固液间热量的快速传递致使近壁面的水膜层在铺展过程中迅速降温至冰点以下，产生限制固液接触线回缩的束缚力(源于分子间范德瓦耳斯力)。水滴结冰由底部到顶端，从四周向中心发展，且其颜色由透明逐步过渡到半透明，直至不透明的乳白色。

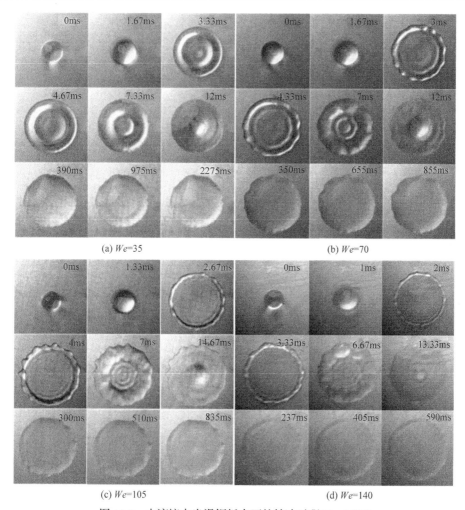

(a) $We=35$　　　　　　　　　　　(b) $We=70$

(c) $We=105$　　　　　　　　　　　(d) $We=140$

图 10.7　水滴撞击光滑铜板表面的结冰过程($T=-35℃$)

(2) 随 We 数增大，水滴铺展至最大直径的时间缩短，依次为 4.67ms、4.33ms、4ms 和 3.33ms；且振荡时间 t_1 和结冰时间 t_2 减小，t_1 依次为 135ms、115ms、80ms、45ms，t_2 依次为 2275ms、1355ms、835ms、590ms。

图 10.8 给出了水滴撞击光滑铜板表面的结冰过程侧视图，进一步反映了结冰过程中水滴直径的变化过程。在振荡阶段，随 We 数的增大，水滴的回缩高度降低。这是由于铜的导热率高，当撞击初始速度越大，水滴铺展的范围(即固液接触面积)就越大，温度降低更迅速，水的黏性系数和表面张力系数增速越快，从而导致水滴在铺展和回缩过程中黏性阻力消耗的能量越多；同时水滴在回缩过程中，接触面积不变，撞击的速度越高，回缩的水量越少。这两者共同作用导致水滴回缩的最大高度 H_{Max} 越来越低，依次为 1.25mm、0.98mm、0.85mm、0.66mm。最

终稳定时的冰形近似为圆柱体。

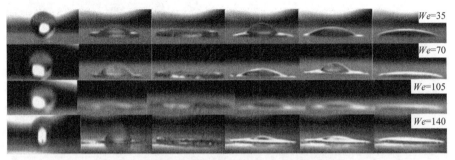

图 10.8　水滴撞击光滑铜板表面的结冰过程(侧视图)

　　对于结冰初始时刻的界定，20℃的水滴与−35℃的壁面开始接触时就会发生热量交换，水滴将热量传递给低温壁面，使得自身温度快速降低。在未到达 135ms 时(图 10.7(a))，近壁面非常薄的一层水分子已经达到结冰温度，并且冰核已经产生。但由于此时冰层上面的水分子仍然在振荡运动，使得近壁面无法完全结冰，只是结成一层薄冰膜来维持接触线不再移动，但整体情况仍可视为未结冰。在 135ms 时刻，振荡停止，结冰阶段开始。

10.3.2　铺展系数规律

　　图 10.9 给出了水滴撞击结冰过程中铺展系数 b 与 We 数的关系，其中，$b = D / D_0$，$b_{Max} = D_{Max} / D_0$。随撞击时间的延续，b 逐渐增大，直至最大铺展系数 b_{Max}。此后振荡结冰过程中，水滴铺展系数 b 始终保持不变。随 We 数的增大，b_{Max} 增大。这是由于 We 数越大，水滴具有的初始动能(或总能量)越大，铺展过程中转化

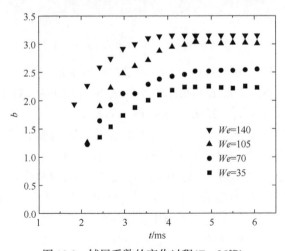

图 10.9　铺展系数的变化过程($T=−35$℃)

为表面能的能量以及克服固液间摩擦所做的功就越多，所以最大铺展面积越大，即 b_{Max} 越大，依次为 2.24、2.55、3.05、3.16。

10.3.3　振荡和结冰时间规律

从图 10.10 可以看出撞击速度对水滴振荡和结冰时间的影响，其中 t_0 表示水滴铺展时间(即从接触到最大直径时刻)、t_1 表示水滴振荡时间(即从接触到稳定时刻)、t_2 表示水滴结冰时间(即从接触到完全结冰时刻)。随 We 数增大，t_0、t_1、t_2 都呈逐渐减小的趋势；这是由于 b_{Max} 随着 We 的增大而增大(图 10.8)。b_{Max} 越大，结冰过程中的固液间热传导面积越大，通过傅里叶导热定律[13]可知，固液间的热流量 $\Phi \propto \Delta TA$ 越大。由表 10.1 可知，随着 T 的降低，热流量 Φ 越大，即单位时间内水滴传递给低温壁面的热量越多，这直接导致水滴结冰时间 t_2 越小；同时，热流量 Φ 越大时，水滴整体温度降低得越快，水分子的黏性系数和表面张力系数越大。黏性系数的增大使得水滴在振荡过程中黏性耗散的能量越多，表面张力系数的增大加快了水滴振荡的频率，使得水分子间摩擦耗能增速，这两方面的因素都会导致水滴振荡时间 t_1 和结冰时间 t_2 的减小。

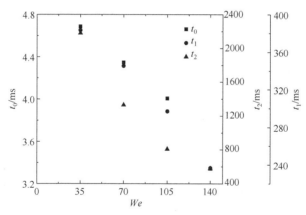

图 10.10　撞击速度与结冰时间的关系

表 10.1　We 数和温度对热流量($\Delta TA\lambda$)的影响(Cu)

We	T		
	−15℃	−25℃	−35℃
35	0.41	0.49	0.58
70	0.53	0.66	0.77
105	0.71	0.85	0.98
140	0.92	1.07	1.17

注：因 $\Phi \propto \Delta TA\lambda$，为直观反映 ΔT 和 λ 对 Φ 的影响，这里直接取 $\Phi = \Delta TA\lambda$。

10.4　壁面温度对水滴撞击结冰行为的影响

10.4.1　水滴撞击结冰过程

温度是影响水滴结冰的决定性因素。图 10.11 为不同低温铝板上水滴撞击结冰过程(仅以铝板为例,作者也测试了不同温度的铜和硅板上水滴结冰过程,规律与铝板类似)。可以看出:温度对水滴结冰时间有很明显的影响。水滴撞击–15℃、–25℃、–35℃壁面时,其铺展时间依次为 6.3ms、5.4ms、4.8ms,振荡时间依次为205ms、175ms、150ms,结冰时间依次为 3750ms、2900ms、2465ms。

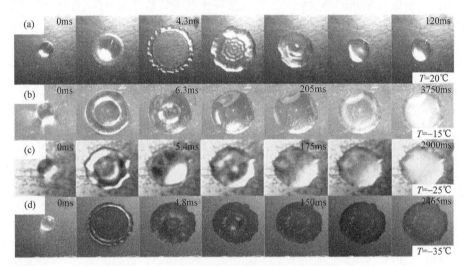

图 10.11　温度对水滴撞击铝板结冰的影响(We =35)

10.4.2　最大铺展系数规律

图 10.12 给出了不同温度铝板壁面上水滴最大铺展系数 b_{Max} 的变化规律。可以发现:壁面温度 T 越低,b_{Max} 越小;其原因在于:T 越低,固液间温差ΔT 越大,由傅里叶导热定律可知[13],固液间热流密度 q($q = \dfrac{\Delta T \lambda}{\delta}$,其定义为单位时间通过单位面积所传递的热量)越大,水滴铺展过程中的热量传递越多,导致近壁面水分子的整体温度越低,水的黏性系数和表面张力系数越大,水滴在铺展过程中克服黏性耗散和表面张力做功越多,最终造成水滴最大铺展直径越小,即 b_{Max} 越小。另外,We 数越大,b_{Max} 越大,此规律和水滴撞击低温铜板情况相同。

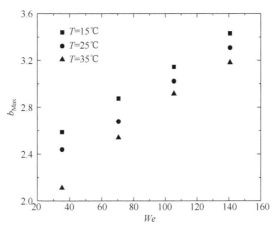

图 10.12 水滴最大铺展系数和壁面温度的关系

图 10.13 给出了水滴撞击结冰过程中最大回缩高度的变化规律。可以发现：铝板壁面温度越低，振荡高度越大。这是由于 T 越低，水滴的 b_{Max} 越小(图 10.12)，且振荡至最大高度的时间更短，短时间内水滴的温度变化较小，因黏性系数降低而阻碍水滴运动能量耗散有限，所以水滴回缩到中心点的高度越大。

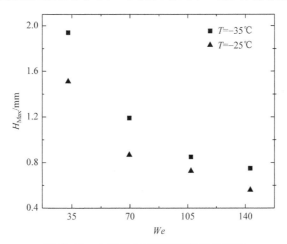

图 10.13 水滴最大回缩高度的变化规律

10.4.3 振荡和结冰时间规律

图 10.14 展示出铝板壁面温度对水滴振荡和结冰时间的影响规律。可以发现：壁面温度越低，水滴的振荡时间 t_1 和结冰时间 t_2 越短。由图 10.12 已知，T 越低，b_{Max} 越小，但 ΔT 越大，固液间热流量 $\Phi \propto \Delta TA (\Phi = \dfrac{\Delta T}{\dfrac{\delta}{A\lambda}}$，其定义为单位时间内固

液间的热量传递量)。由表 10.1 可知，随着 T 的降低，热流量 Φ 越大，即单位时间内水滴传递给低温壁面的热量越多，这导致水滴结冰时间 t_2 越小；同时，热流量 Φ 越大，水滴整体温度降低得越快，水分子的黏性系数和表面张力系数都会增加，黏性系数的增大使得水滴在振荡过程中黏性耗散的能量越多；表面张力系数的增大加快了水滴振荡的频率，使得水分子间摩擦耗能增速，这两方面的因素都会导致水滴振荡时间 t_1 和结冰时间 t_2 的减小。

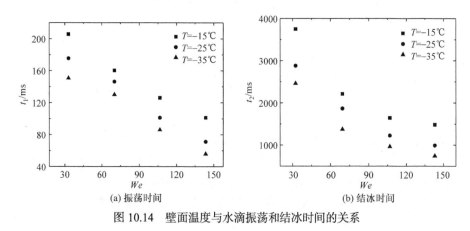

图 10.14　壁面温度与水滴振荡和结冰时间的关系

10.5　材料热导率对水滴撞击结冰行为的影响

10.5.1　水滴撞击结冰过程

材料热导率对于水滴结冰有着重要的影响，图 10.15 所示为铜、铝和硅板上，水滴撞击结冰过程中的典型瞬时状态。可以看出，壁面温度 T=-25℃、We=35 时，水滴撞击铜、铝和硅壁面的铺展时间依次为 4.8ms、5.4ms、5.7ms，振荡时间依次为 160ms、175ms、215ms，结冰时间依次为 2850ms、2900ms、3160ms。

10.5.2　最大铺展系数规律

图 10.16 为铜、铝和硅板上水滴最大铺展系数 b_{Max} 随 We 数的变化规律。可以发现，水滴最大铺展系数 b_{Max} 与 We 数线性相关，且材料热导率越高，其斜率越大。近似以 We=120 为分界点，在 We<120 的撞击结冰过程中，$b_{Max}(Cu)<b_{Max}(Al)<b_{Max}(Si)$；而 We>120 的试验中，$b_{Max}(Cu)>b_{Max}(Al)>b_{Max}(Si)$；其原因可能是：水滴在低温壁面上的最大铺展直径取决于壁面材料的热导率和表面能。在 We<120 的撞击结冰试验中，材料热导率对 b_{Max} 的影响大于材料表面能，λ 越大，

由傅里叶导热定律可知，热流密度 q 越大，水滴 b_{Max} 越小；而 $We > 120$ 时，材料表面能对 b_{Max} 的影响更加明显。已有研究表明[14]，相同 We 数下，材料的表面能越低(即 θ 越大)，b_{Max} 越大，因此 b_{Max} 随着 λ_s 的增大而增大。

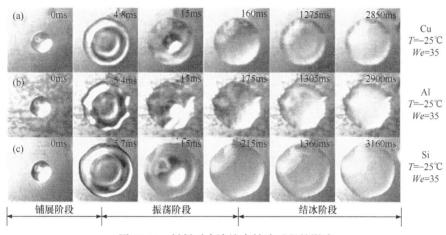

图 10.15　材料对水滴撞击结冰过程的影响

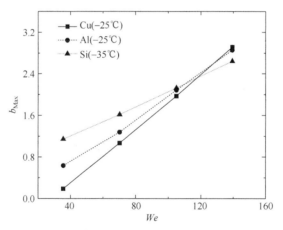

图 10.16　水滴最大铺展系数随 We 数的变化规律

10.5.3　振荡和结冰时间规律

图 10.17 所示为材料热导率对水滴振荡时间 t_1 及结冰时间 t_2 的影响规律。可以看出，材料热导率越大，t_1 和 t_2 越小；其原因在于：虽然 b_{Max} 与 λ 的关系受 We 数的影响(图 10.16)，但热流量 $\Phi \propto \lambda A$，由表 10.2 可知，热流量 Φ 随着 λ 的增大而增大，所以材料热导率越大时，振荡时间 t_1 和结冰时间 t_2 越短。

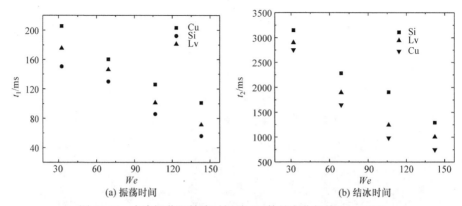

图 10.17　水滴振荡和结冰时间随 We 数的变化规律($T=-25℃$)

表 10.2　材料和温度对热流量($\Delta TA\lambda$)的影响($We=70$)

	−15℃	−25℃	−35℃
$\lambda_{Si}=148W/mK$	0.251	0.282	0.315
$\lambda_{Al}=237W/mK$	0.366	0.406	0.451
$\lambda_{Cu}=401W/mK$	0.525	0.655	0.770

10.6　水滴撞击光滑壁面结冰行为

10.6.1　铺展过程

水滴撞击固体壁面后的最大铺展直径是研究者重点关注的参数之一，该参数对于防结冰有着极其重要的影响。从水滴撞击亲水壁面结冰试验可以看出，在相同壁面温度下，最大铺展直径越大，水滴结冰越快。目前对于最大铺展直径的研究方法区分为两类：一是纯粹的流体动力学角度分析整个撞击过程，结合液滴撞击过程的特征给出相应的 N-S 方程及质量守恒方程，并考虑毛细力及动态接触角等因素的影响，但理论求解过程进行了大量简化及假设，研究的理论结果一般仅能够对液滴撞击过程中间段的形态变化给出较为合理的解释[15-17]；另外一种处理方法是单纯的能量守恒，即假定初始撞击液滴的能量等于液滴铺展到最大直径时的能量，包含有最大铺展直径的关系式可以从中导出[18-20]。本节将以撞击过程中能量守恒为理论基础，给出液滴最大铺展直径预测的理论模型。

水滴在撞击前的动能为

$$E_{k1} = \left(\frac{1}{2}\rho V_0^2\right)\left(\frac{\pi}{6}D_0^3\right) \tag{10.1}$$

其中，V_0、D_0 分别表示撞击液滴的初始速度及液滴直径。

撞击前表面能为

$$E_{s1} = \pi D_0^2 \sigma_{lg} \tag{10.2}$$

其中，σ_{lv} 为液气界面的表面张力。假设液滴达到最大铺展直径时整个液膜的形状为圆柱形，撞击后表面能可以表示为

$$E_c = \pi \sigma_{lg} D_{Max} h + \frac{\pi}{4} \sigma_{lg} D_{Max}^2 \tag{10.3}$$

其中，D_{Max} 为液滴的最大铺展直径，h 则为液膜的厚度。圆柱体底面由固液代替固气的界面能：

$$E_b = \frac{\pi}{4} D_{Max}^2 \left(\sigma_{sl} - \sigma_{sg} \right) \tag{10.4}$$

其中，σ_{sg}、σ_{sl} 分别为固气界面、固液界面的表面张力。在已有的一些研究中[18,19]，由于考虑的是理想光滑表面，他们采用了 Young 方程对式(10.4)进行了简化：

$$E_b = \frac{\pi}{4} D_{Max}^2 \sigma_{lg} \left(1 - \cos\theta \right) \tag{10.5}$$

其中，θ 为固体表面的表观接触角。

因此，撞击后的总的表面能表示为

$$E_{s2} = \pi \sigma_{lg} D_{Max} h + \frac{\pi}{4} D_{Max}^2 \sigma_{lg} \left(1 - \cos\theta \right) \tag{10.6}$$

撞击过程中的黏性耗散表示为[18]

$$W = \int_0^{t_c} \int_\Omega \varphi \, \mathrm{d}\Omega \mathrm{d}t \approx \varphi \Omega t_c \tag{10.7}$$

$$\varphi = \mu \left(\frac{\partial v_i}{\partial x_j} + \frac{\partial v_j}{\partial x_i} \right) \frac{\partial v_i}{\partial x_j} \approx \mu \left(\frac{U_0}{\delta} \right)^2 \tag{10.8}$$

其中，φ 为耗散函数，Ω 为体积，t_c 表示黏性耗散的特征时间，δ 为边界层厚度。积分体积近似表示为

$$V \approx \frac{\pi}{4} D_{Max}^2 h \tag{10.9}$$

而根据水滴撞击前后体积守恒可以得到液膜厚度可以表示为

$$h = \frac{2}{3} \frac{D_0^3}{D_{Max}^2} \tag{10.10}$$

具有轴对称滞止点流动的边界层厚度表达式可以写成：

$$\delta = \frac{2D}{\sqrt{Re}} \tag{10.11}$$

积分时间域 t_c 可以通过体积流量的关系式给出，即具有球冠状的液滴以初始速度 U_0 向下流动的体积流量与铺展液层(已近似为圆柱体)的体积流量相等，于是

$$\frac{v_R}{v_0} = \frac{d^2}{4D_0 h} \tag{10.12}$$

其中，v_R 为液膜的铺展速度，d 为水滴撞击过程中球冠与固体表面的接触直径，将式(10.10)代入式(10.12)可得

$$dD/dt = 2v_R = \frac{3}{16} v_0 \frac{D_{Max}}{D_0} \frac{1}{D} \tag{10.13}$$

上式进一步变形为

$$\frac{D_{Max}}{D_0} = \sqrt{\frac{3}{8} t^*} \tag{10.14}$$

其中，$t^* = v_0 t / D_0$，当液滴铺展到最大直径时，$t_c = t^* = (8v_R)/(3v_0)$，连同式(10.8) 和式(10.13)代入到式(10.7)中，最终得到黏性耗散能的表达式如下：

$$W = \frac{\pi}{3} \rho v_0^2 D_0 D_{Max} \frac{1}{\sqrt{Re}} \tag{10.15}$$

根据能量守恒：

$$E_{s1} + E_{k1} = E_{s2} + W \tag{10.16}$$

将式(10.1)、(10.2)、(10.6)、(10.15)代入到式(10.16)中，得最大铺展系数的表达式：

$$b_{Max} = \frac{D_{Max}}{D_0} = \sqrt{\frac{We + 12}{3(1 - \cos\theta) + 4(We/\sqrt{Re})}} \tag{10.17}$$

　　为验证公式(10.17)的准确性，图10.18 对比了不同 We 数下铜板和硅板上水滴最大铺展直径理论预测值与试验结果。可以发现，与试验规律相一致，We 数越大，最大铺展直径的理论预测值越大；材料热导率越高，D_{Max} 上升斜率越大，且试验值与理论预测最大相对误差约 4.7%。

10.6.2　结冰时间

　　水滴撞击结冰现象伴随着动力学和热力学过程。低温壁面和常温壁面上的撞击过程有相同点，两者撞击过程中水滴的动能 E_k 一部分转化为黏性耗散 W，另一部分转化为水滴的表面能 E_s。而不同点在于，撞击低温壁面时，从固液刚开始接触就存在热量交换，"高温"水滴将热量传递给"低温"壁面，使得水滴内能减小，

同时温度降低也使得水滴的黏性系数和表面张力系数增大,加速了铺展、振荡过程中的能量耗散;当铺展到最大直径处时,固液接触面的底部已经形成了一层薄薄的冰层,所以振荡阶段固液接触线不再变化,且水滴更快速地趋于稳定。

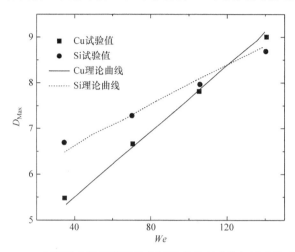

图 10.18　水滴撞击低温壁面最大铺展直径理论值与试验值比较

根据水滴撞击结冰的前述主要行为特征,做如下物理模型简化[21]:

(1) 相对于水滴结冰时间,铺展和振荡时间极短(低于结冰时间的 5%),因而这两阶段中固液间热量传递很少,可以忽略。

(2) 低温壁面上水滴冻结时间很短,因此相对水滴的整个冻结过程来说,水滴质量变化很小,可以忽略。

(3) 表面张力起主导作用,不考虑重力对水滴形状的影响,近似认为水滴冻结前后的表面积不变,水滴与周围空气的换热系数不随时间变化。

(4) 结冰阶段水滴的形状可近似为圆柱体,如图 10.19 所示。其中,T_w 为水滴初始温度,T_0 为水滴结冰温度,T_a 为空气温度,T_s 为壁面温度。

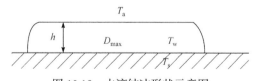

图 10.19　水滴结冰形状示意图

基于能量守恒原理建立了水滴冻结过程的数学模型,推导出水滴结冰时间的理论表达式。

通过侧视图可以看到,水滴撞击低温铜板表面结冰时,冰形的最终形态类似简化为圆柱状,图 10.19 为结冰时刻冰形示意图。

根据体积守恒原则和假设(1)：

$$V_0 = \frac{4}{3}\pi \left(\frac{D_0}{2}\right)^3 = \pi \left(\frac{D_{\text{Max}}}{2}\right)^2 h \tag{10.18}$$

其中，h 为结冰时冰形的高度，即 $h = \dfrac{2D_0^3}{3D_{\text{Max}}^2}$。则水滴的表面积为 $A_1 = \pi \dfrac{D_{\text{Max}}^2}{4} +$

$\pi D_{\text{Max}} h = \pi \left(\dfrac{D_{\text{Max}}^2}{4} + \dfrac{2}{3}\dfrac{D_0^3}{D_{\text{Max}}}\right)$，水滴与冷表面的接触圆面积 $A_2 = \pi \dfrac{D_{\text{Max}}^2}{4}$。

1) 水滴与外界的换热

(1) 水滴表面与空气间的自然对流换热量 q_{h}。

考虑到水滴一般都非常小，所以它与空气间的自然对流作用实际很弱，可以视为纯导热。不难证明，放置在空气中半径为 r 的等温球表面与空气纯导热时的等效表面传热系数为

$$h_{\text{c}} = \frac{\lambda_{\text{a}}}{r} \tag{10.19}$$

水滴表面与空气间自然对流换热量 q_{h} 近似为

$$q_{\text{h}} = 2A_1 \frac{\lambda_{\text{a}}}{D_0}(T_{\text{a}} - T_{\text{r}}) \tag{10.20}$$

其中，λ_{a} 为空气的导热系数；T_{r} 为水滴表面的温度。

(2) 水滴表面与外界的辐射换热量 q_{r}

$$q_{\text{r}} = A_1 \varepsilon \sigma_{\text{b}}\left(T_{\text{a}}^4 - T_{\text{r}}^4\right) \tag{10.21}$$

其中，ε 为水滴的发射率。取 0.96；σ_{b} 为斯蒂芬-玻尔兹曼常数，等于 $5.67 \times 10^{-8}\text{W}/(\text{m}^2 \cdot \text{K}^4)$。

水滴表面与周围空气之间交换的总热量为

$$q_{\text{a}} = q_{\text{h}} + q_{\text{r}} = 2A_1 \frac{\lambda_{\text{a}}}{D_{\text{a}}}(T_{\text{a}} - T_{\text{r}}) + A_1 \varepsilon \sigma_{\text{b}}\left(T_{\text{a}}^4 - T_{\text{r}}^4\right)$$

$$= A_1 \left(2\frac{\lambda_{\text{a}}}{D_0} + \varepsilon \sigma_{\text{b}}\frac{T_{\text{a}}^4 - T_{\text{r}}^4}{T_{\text{a}} - T_{\text{r}}}\right)(T_{\text{a}} - T_{\text{r}}) = A_1 h_{\text{a}}(T_{\text{a}} - T_{\text{r}}) \tag{10.22}$$

$$h_{\text{a}} = \left(2\frac{\lambda_{\text{a}}}{D_0} + \varepsilon \sigma_{\text{b}}\frac{T_{\text{a}}^4 - T_{\text{r}}^4}{T_{\text{a}} - T_{\text{r}}}\right) \tag{10.23}$$

(3) 结冰过程中水滴因温度变化而释放的热量：

$$Q = cm(T_{\text{w}} - T_0) \tag{10.24}$$

2) 傅里叶导热定律[13]中热流量 Φ 的表达式

$$\Phi = \frac{\Delta T}{R} \tag{10.25}$$

其中，固液温差 $\Delta T = T_0 - T_s$；R 表示热阻，其取决于壁面材料和冰的导热系数，数学表达式为

$$R = \frac{\alpha h}{2A_2}\left(\frac{1-X_i}{\lambda_s} + \frac{X_i}{\lambda_i}\right) \tag{10.26}$$

式中，λ_s 为壁面材料的导热系数；λ_i=2.22W/mK 是冰的导热系数；X_i 表示冰的导热系数对传热效率的影响因子，取 X_i=0.05～0.15；α 为冰形高度的修正系数[22]，取 α=1.05～1.2。

根据水滴冻结过程中的能量守恒，且忽略水滴冻结过程中的内能变化，则水滴向冷板传递的热量等于水滴释放的相变潜热、水滴与周围空气交换的热量以及水滴因温度变化而释放的热量之和：

$$mH_s + Q - q_a t_2 = \Phi t_2 \tag{10.27}$$

其中，H_s 为相变潜热，单位为 J/kg。将式(10.22)、(10.24)、(10.25)代入式(10.27)，积分整理后得到水滴冻结时长的表达式：

$$t_2 = \frac{m\left(H_s + c\left(T_w - T_0\right)\right)}{\dfrac{T_0 - T_s}{\dfrac{\alpha h}{2A_2}\left(\dfrac{1-X_i}{\lambda_s} + \dfrac{X_i}{\lambda_i}\right)} + A_1 h_a\left(T_a - T_r\right)} \tag{10.28}$$

为验证公式(10.28)的准确性，图 10.20 对比了三种温度下铜和硅板上水滴结

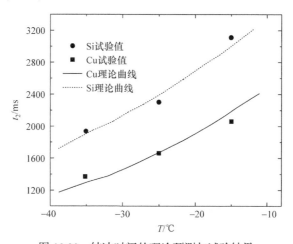

图 10.20　结冰时间的理论预测与试验结果

冰时间理论预测值与试验结果。可以发现，与试验规律相一致，壁面温度越低，材料热导率越大，结冰时间的理论预测值也越小，且二者的最大相对误差小于4.7%。

10.7 本 章 小 结

以工程常用的铜、铝、硅材料为对象，采用高速摄像技术记录低温光滑壁面上水滴撞击结冰过程，分析撞击速度、壁面温度和材料热导率对水滴撞击铺展、振荡及结冰行为的影响规律。结果表明：低温壁面造成水滴最大铺展直径缩小，且结冰时间随温度降低而缩短；当撞击 *We* 数提高时，水滴最大铺展直径增大，而振荡和结冰时间减小；同时材料热导率越高，最大铺展直径越小，结冰越迅速。另外，从热力学角度推导出水滴撞击结冰时间的理论公式，预测误差<4.7%。

参 考 文 献

[1] Laforte J L, Allaire M A, Laflamme J. State-of-the-art on power line de-icing[J]. Atmospheric Research, 1998, 46(SI): 143-158.

[2] 乔燕军, 王丰绪, 崔啸鸣. 高寒地区风力发电机组测风仪结冰现象的研究[J]. 内蒙古电力技术, 2011, 29(6): 14-17.

[3] Okoroafor E U, Newborough M. Minimising frost growth on cold surfaces exposed to humid air by means of crosslinked hydrophilic polymeric coatings[J]. Applied Thermal Engineering, 2000, 20: 737-758.

[4] Zou M, Beckford S, Wei R, et al. Effects of surface roughness and energy on ice adhesion strength[J]. Applied Surface Science, 2011, 257: 3786-3792.

[5] 周莉, 徐浩军, 龚胜科. 飞机结冰特性及防除冰技术研究[J]. 中国安全科学学报, 2010, 20(6): 105-110.

[6] 张雪晴. 过冷水滴飞溅图像的分析[D]. 南京: 航空航天大学, 2007.

[7] Hammond D, Quero M, Miller D, et al. Analysis and experimental aspects of the impact of supercooltd water droplets into thin water films[R]. AIAA paper, 2005.

[8] Quero M, Hammond D W, Purvis R, et al. Analysis of super-cooled water droplet impact on a thin water layer and ice growth[R]. AIAA paper, 2006.

[9] Li H, Roisman I V, Tropea C. Water drop impact on cold surfaces with solidification[C]. USA Pennsylvania: AIP Publishing, 2011, 1376: 451-453.

[10] Yang G, Guo K, Li N. Freezing mechanism of supercooled water droplet impinging on metal surfaces[J]. International Journal of Refrigeration, 2011, 34(8): 2007-2017.

[11] Hu H, Jin Z. An icing physics study by using lifetime-based molecular tagging thermometry technique[J]. International Journal of Multiphase Flow, 2010, 36: 672-681.

[12] 夏同军, 董永强, 曹义刚. 界面张力对 Rayleigh-Taylor 不稳定性的影响[J]. 物理学报, 2013, 62(21): 214702.

[13] 陶文铨. 传热学[M]. 西安: 西北工业大学出版社, 2006.

[14] Pasandideh-Fard M, Qiao Y M, Chandra S, et al. Capillary effects during droplet impact on a solid surface[J]. Physics of Fluids, 1996, 8(3): 650-659.

[15] Roisman I V, Rioboo R, Tro Pea C. Normal impact of a liquid drop on a dry surface: model for spreading and receding[J]. Proceedings Royal Society London A, 2002, 458: 1411-1430.

[16] Roisman I V. Dynamics of inertia dominated binary drop collisions[J]. Physics of Fluids, 2004, 16: 3438.

[17] Pan K L, Roisman I V. Note on "Dynamics of inertia dominated binary drop collisions"[J]. Physics of Fluids, 2009, 21: 022101.

[18] Pasandideh-Fard M, Qiao Y M, Chandra S, et al. Capillary effects during droplet impact on a solid surface[J].Phys. of Fluids, 1996, 8: 650-659.

[19] Mao T, Kuhn C S D, Tran H. Sread and rebound of liquid droplets upon impact on flat surfaces[J]. AICHE Journal, 1997, 43: 2169-2179.

[20] Fukai J, Tanaka M, Miyatake O. Maximum spreading of liquid droplets colliding with flat surfaces[J]. Journal of Chemical Engineering of Japan, 1998, 31: 456-461.

[21] 黄玲艳, 刘中良, 刘耀民. 壁面温度对疏水表面上水滴冻结的影响[J]. 工程热物理学报, 2012, 33(6): 1009-1012.

[22] 朱卫英. 液滴撞击固体表面的可视化试验研究[D].大连: 大连理工大学, 2007.

第 11 章　亲水微沟槽壁面上水滴撞击结冰行为

11.1　引　　言

在第 10 章中已经给出了水滴撞击光滑硅板表面的结冰过程，为进一步研究水滴撞击壁面的结冰行为，本章采用类 LIGA 法制备规则微沟槽铜板和硅板表面，并测试水滴撞击沟槽壁面的结冰过程。通过对水滴撞击微沟槽壁面结冰行为进行分析，总结归纳出微沟槽结构对水滴运动行为的影响因素，对最大铺展系数理论进行预测，并对结冰时间理论公式进行修正。

11.2　制　备　方　法

试验采用类 LIGA 法制备规则微沟槽铜板和硅板表面，第 2 章已经对 LIGA 法和类 LIGA 法做了详细的解释，其原理示意图如 11.1 所示。

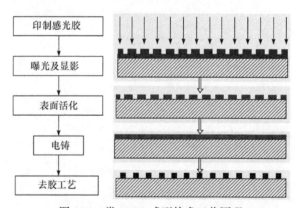

图 11.1　类 LIGA 成型技术工艺原理

微沟槽试验板的制备流程：首先设计二维微结构图形，然后将图案印刷到高分辨率(5080dpi)的掩膜板上。准备好洁净的试验片，将正光刻胶涂覆上，使其形成一层薄的、均匀的光刻胶膜。把预先设计好的掩膜板与试验板平行放置，并置于紫外线下显影。在涂有光刻胶的试验板上，被紫外线照射的区域会被显影液溶解掉，没有被紫外线照射的则保留，从而将掩膜板的图案以光刻胶的形式复制到试验板衬底上。再将显影后的试验板置于刻蚀剂中，试验板上被光刻胶覆盖的区域不会被刻蚀。通过控制刻蚀剂的浓度和刻蚀时间控制刻蚀的深度。最后将试验板取出,去除光刻胶,就得到了具有微结构的试验板。图 11.2 是通过此方法制备的具有不同类型微沟槽的金属铜板和硅板。铜板和硅板都属于亲水表面,已有研究表明,具有微结构的亲水表面会变得更加亲水。图 11.3 是水滴在矩形微沟槽铜板上的静态接触角,其中,肋宽 N、槽宽 M 和深度 l。

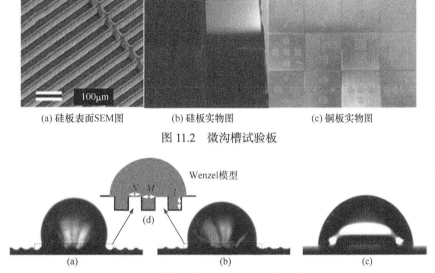

(a) 硅板表面SEM图　　　　(b) 硅板实物图　　　　(c) 铜板实物图

图 11.2　微沟槽试验板

图 11.3　微结构亲水壁面上水滴静态接触角

11.3　水滴撞击微米级沟槽硅板的结冰行为

11.3.1　矩形硅板上水滴撞击结冰过程

第 10 章已经给出了水滴撞击光滑硅板表面的结冰过程,为进一步研究,测试水滴撞击低温矩形沟槽硅板的结冰过程。其中,试验硅板的尺寸用 N-M 表示,肋宽 N 依次为 20μm、40μm、60μm;槽宽 M 依次为 20μm、40μm、60μm、80μm;深度 l 为 40μm。同时,用 P 和 V 分别表示水滴平行和垂直沟槽方向的运动行为。图 11.4 所示为水滴撞击不同沟槽尺寸硅板的结冰时序图(部分试验),其中,壁面温度 T=−25℃,We=35,箭头指向是槽道方向。可以发现:

(1) 与光滑平板类似,水滴撞击矩形沟槽硅板可分为铺展、振荡和结冰三个阶段;水滴在撞击微沟槽硅板并铺展至最大接触直径后,固液最大接触面积保持不变,直至完全结冰。

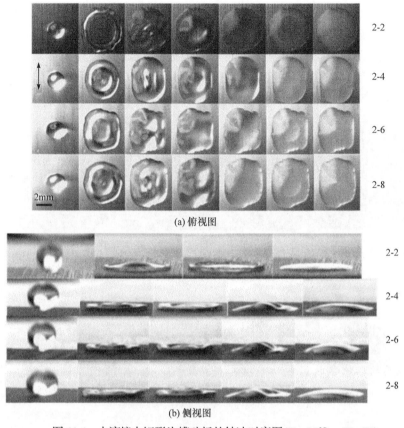

(a) 俯视图

(b) 侧视图

图 11.4　水滴撞击矩形沟槽硅板的结冰时序图(T=−25℃，We=35)

(2) 沟槽对水滴铺展方向、结冰形态有着决定性的影响。平行沟槽方向 P 的固液最大接触线 D_{maxp} 长度大于垂直沟槽方向 V 的固液最大接触线 D_{maxv}。这是由于平行沟槽方向铺展时存在沿沟槽方向的流动导引作用，而垂直沟槽方向时存在垂向肋间"能垒"对流动的阻碍作用。

(3) 微沟槽尺寸对水滴撞击结冰有着重要的影响。随槽宽 M 的增大，平行沟槽方向的 D_{maxp} 越长，垂直沟槽方向的 D_{maxv} 越短，但差距较小。

11.3.2　最大铺展直径和结冰时间

图 11.5、图 11.6 分别给出了不同沟槽尺寸下，平行和垂直沟槽方向最大铺展直径、振荡和结冰时间随 We 数的变化规律，可以发现：

(1) 平行沟槽方向的最大铺展直径大于垂直向最大铺展直径，即 $D_{\text{maxp}}>D_{\text{maxv}}$。

(2) We 数越大，D_{maxp} 和 D_{maxv} 越大，振荡时间 t_1 和结冰时间 t_2 越短。这是由于 We 数增高，水滴的初始动能越大，铺展过程中所克服的摩擦损耗越多，因此

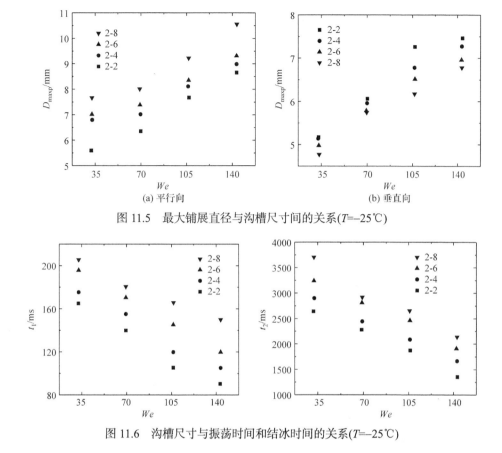

图 11.5　最大铺展直径与沟槽尺寸间的关系(T=−25℃)

图 11.6　沟槽尺寸与振荡时间和结冰时间的关系(T=−25℃)

铺展面积 A 越大(表 11.1)，即 D_{maxp} 和 D_{maxv} 越大。进而热流量 $\Phi \propto \Delta T A$ 越多，从而能量传递效率越高，壁面单位时间内吸收水滴的热量就越多，使得水滴在更短的时间内就达到结冰温度。另外，水滴温度降低得越快(温度越低)，水分子的黏性系数和表面张力都会增大，而黏性系数的增大使得水滴在振荡过程中能量损失得更多，表面张力的增大使得水分子受到的束缚力更强，这两方面的因素都会导致振荡、结冰阶段的时间减小，即 t_1 和 t_2 越小。

表 11.1　不同微结构壁面上固液接触面积(T=−25℃)

We	2-2		2-4		2-6		2-8	
	S_0/mm²	S_1/mm²	S_0/mm²	S_1/mm²	S_0/mm²	S_1/mm²	S_0/mm²	S_1/mm²
35	87	29	80	33	68	34.5	64	36
70	103	38	87	40	78	42	75	45
105	131	54	107	53	93	53	89	55
140	149	62	123	63	107	62	107	68

(3) 随槽宽 M 的增大，D_{maxv} 逐渐缩短，而 D_{maxp} 逐渐增长。其原因在于：槽宽 M 增大时，水滴在垂直沟槽方向上受到"能垒"的阻碍作用越强，相对而言，平行沟槽方向上的导引作用就会越大，因此 D_{maxv} 减小，D_{maxp} 增大。

(4) 随槽宽 M 的增大，t_1 和 t_2 增大。该规律正好与沟槽尺寸和固液间接触面积之间的关系相一致(表 11.1)，其中 S_0 表示固液间总的接触面积，S_1 表示平行沟槽方向水滴与肋板侧面的接触面积。可以发现，We 数相同时，随槽宽 M 的增大，固液间总的接触面积 S_0 逐渐减小。因此，水滴达到稳定以及结冰需要更长的时间。

11.4　水滴撞击百微米级沟槽铜板的结冰行为

11.4.1　矩形铜板上水滴撞击结冰过程

对于量级不同的微沟槽低温板，水滴撞击结冰的情况也会有所不同，为此，本节主要研究水滴撞击百微米级矩形沟槽铜板的结冰过程。其中，铜板的肋宽 N 依次为 0.1mm、0.2mm、0.3mm、0.4mm、0.5mm；槽宽 M 和深度 l 分别固定为 0.4mm 和 0.2mm。

图 11.7 是部分微沟槽铜板壁面水滴撞击结冰时序图，其中，$We=70$，壁面温度 $T=-25℃$。可以发现：沟槽尺度增大时(对比 11.2 节)，水滴结冰时的冰形厚度减小。这是由于更多的水分子进入到凹槽道内部的缘故；随肋宽 N 的增加，平行沟槽方向上水滴的导引现象更加明显；平行沟槽方向 P 的最大直径 D_{maxp} 仍然大于垂直沟槽方向的最大接触线 D_{maxv}，但相对于更加亲水的硅板，两者的差距很小，这可能是由于沟槽尺寸变大导致各向异性差距缩小的缘故；水滴铺展范围大、

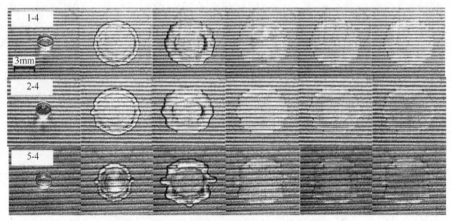

图 11.7　水滴撞击百微米级矩形沟槽铜板的结冰过程($We=70$，$T=-25℃$)

厚度薄，在白炽灯的照射下，结冰时的颜色变化不太明显，基本接近铜板颜色；随肋宽 N 的增加，平行沟槽方形上水滴铺展过程中出现"手指状分支"。

由于水滴体积很小(约 9mL)，而凹槽尺寸较大，当水滴铺展至最大固液接触面积时，相当一部分水滴进入到凹槽内部，超出肋板表面的水层厚度特别薄。因此，试验通过红外温度测量仪(量程–50℃~900℃，精度±0.2℃)实时显示水滴的温度，以此来判别是否完全结冰。

图 11.8 展示了不同尺寸微结构壁面上，水滴最大铺展直径随 We 数的变化规律，可以发现：平行沟槽方向的最大铺展直径 D_{maxp} 大于垂直向最大铺展直径 D_{maxv}，但两者差距很小，固液接触面可近似为长轴和短轴比较接近的椭圆形；随 We 数的增大，水滴在平行沟槽方向和垂直沟槽方向的 D_{maxp}、D_{maxv} 都逐渐增大；随肋宽 N 的增大，水滴的 D_{maxp}、D_{maxv} 也都逐渐增大，这是由于肋宽 N 增大(即 M 相对性减小)，水滴在垂直沟槽方向上受到"能垒"的阻碍作用减弱，则各个方向铺展更加充分，因而 D_{maxp}、D_{maxv} 增大；另外，对于垂向最大铺展直径 D_{maxv} 而言，$We=70$ 时，4-4、5-4 试验板的 D_{maxv} 相同，这是由于水滴撞击 5-4 试验板时，当铺展至最大垂向直径(此时垂向接触线长度与 4-4 相同)，垂直向剩余能量无法突破肋板的阻碍作用，所以接触线才会相同；但 We 数继续增大至 105 时，能垒足以被突破，因此 5-4 试验板上的 D_{maxv} 又大于 4-4 上的 D_{maxv}。同时，图 11.9 给出了壁面温度对水滴最大铺展直径的影响。从图中可以看出，无论是 P 向还是 V 向，壁面温度 T 越低，水滴的最大铺展直径越小，这是由于 T 越低，固液间温差 DT 越大，固液间热流密度 q 越大，水滴铺展过程中的热量传递越多，导致近壁面水分子的整体温度越低，水的黏性系数和表面张力系数越大，水滴在铺展过程中克服黏性耗散和表面张力所做的功越多，最终造成水滴最大铺展直径越小；且同一试验板上总有 $D_{maxp}>D_{maxv}$。

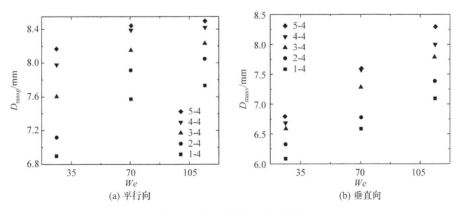

图 11.8　最大铺展直径与沟槽尺寸间的关系($T=–25℃$)

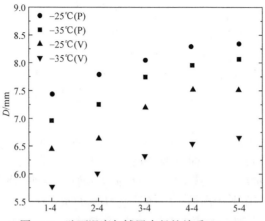

图 11.9　壁面温度与铺展直径的关系(We=70)

图 11.10 和图 11.11 给出了不同壁面温度水滴撞击结冰过程中，沟槽尺寸与 t_1、t_2 的关系，具体规律如下：

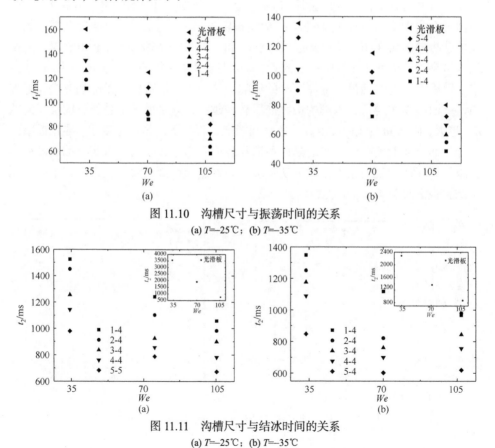

图 11.10　沟槽尺寸与振荡时间的关系

(a) $T=-25℃$；(b) $T=-35℃$

图 11.11　沟槽尺寸与结冰时间的关系

(a) $T=-25℃$；(b) $T=-35℃$

(1) 相同壁面温度时，水滴在微沟槽板上的振荡时间 t_1 小于光滑板；这是由于垂直沟槽方向肋板"能垒"的阻碍作用以及平行沟槽方向固液接触面的增大造成黏性阻力的增大，两者共同减缓了水滴的振动时间 t_1。

(2) 随肋宽 N 的增大，水滴的振荡时间 t_1 逐渐变长；由图 11.8 可知，水滴在 P 向和 V 向的最大铺展直径随 N 增大而增长，且受到"能垒"的阻碍作用减弱，因此造成铺展过程中能量耗散的减缓，振荡时间 t_1 延长。

(3) 随 We 数的升高，水滴的振荡时间 t_1 和结冰时间 t_2 缩短，这是固液间接触面积增大而使得热流量增大的缘故。

(4) 壁面温度 T 越低，水滴的振荡时间 t_1 和结冰时间 t_2 越小，这是由于固液温差增大造成热流量增大的缘故。

(5) 肋宽 N 越大，结冰时间 t_2 越小；这是由于 N 增大时，水滴的 D_{maxp}、D_{maxv} 都逐渐变大(图 11.8)，固液间接触面积增大，因此结冰更迅速。

(6) 水滴撞击低温光滑铜板的结冰时间 t_2 大于微沟槽板；其产生的原因在于：微沟槽铜板上矩形凹槽的侧壁面积使得固液总接触面积增加，造成水滴温度降速加快，结冰时间缩短。

另外，对比 11.2 节发现，水滴撞击大尺度铜板壁面的铺展范围更开阔，振荡和结冰时间更短，特别是结冰时间仅为硅板壁面情形的一半。

11.4.2　立柱型铜板上水滴撞击结冰过程

利用加工的立柱型铜板，继续研究水滴撞击结冰试验。制备了两种类型的立柱型沟槽壁面，一种为局部立柱壁面，即沟槽的区域要小于水滴的沾湿区域，如图 11.12 中 2×2、3×3 和 4×4(2×2 指代立柱阵列为 2 行 2 列，共 4 个立柱单元)；另一种为全局立柱壁面，即沟槽的区域要大于水滴的沾湿区域，如图 11.12 中 $n×n$。同时，立柱的尺寸为：肋宽 N 和槽宽 M 均为 0.5mm，深度 l 为 0.2mm(图 11.12)。

从图 11.12 可以看出，水滴撞击立柱型沟槽壁面时，铺展过程中会出现"指状物分支"；这是由立柱"能垒"阻碍作用和立柱间凹槽流道导引作用共同所致，如图 11.16 所示，水滴在向外铺展时，受到立柱的阻碍作用，驱使水滴向凹槽流道运动，因此，当水滴铺展范围超过立柱区域时，从凹槽道内流出的水分子体积更大，且具有更多的动能，运动距离更远，受立柱阻碍的部分动能小，运动距离小，进而产生"指状物分支"。另外，撞击点不同，水滴铺展至最大接触面积时的形状也不同；严格意义上说，水滴撞击立柱区域中心点时，铺展的最大接触形貌必须完全相同，指状物分支均匀，但当水滴撞击点偏离立柱区域中心点时(图 11.12 实线圆形)，偏向的一侧铺展边缘更光滑、指状物更少，而偏离的一侧指状物更密集。

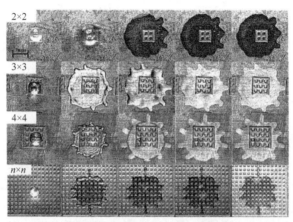

图 11.12　水滴撞击百微米级立柱型沟槽铜板的结冰过程($We=105$, $T=-25℃$)

图 11.13 给出了不同类型立柱铜板壁面上水滴最大铺展系数 b_{Max} 随 We 数的变化规律，其中，最大铺展直径的测量示意图见 11.12 中虚线圆圈，即不包括指状物在内。可以发现：随局部立柱区域的增大，b_{Max} 缩短，且水滴撞击全局立柱区域时，最大铺展系数最小；这是由于相对于光滑平板，立柱的存在加剧了铺展过程中水滴的能量损耗，局部立柱区域面积越大，能量损耗越大，铺展范围越小。另外，We 数越大，b_{Max} 越大。

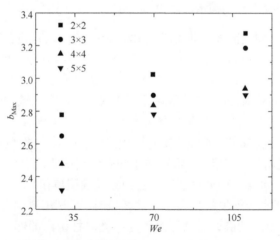

图 11.13　不同类型立柱壁面上水滴 b_{Max} 随 We 数的变化关系($T=-25℃$)

图 11.14 给出了立柱类型对水滴撞击振荡和结冰时间的影响规律，可以发现：随 We 数增加，振荡时间 t_1 和结冰时间 t_2 都逐渐减小；这是固液间铺展接触面积增大的缘故。全局立柱壁面的 t_1 和 t_2 小于局部立柱壁面；其产生的原因在于：水滴在全局立柱壁面铺展过程中，受到立柱的阻碍作用更大，因而 t_1 较小；同时，

全局立柱壁面上固液接触面积远大于局部立柱壁面(表 11.2)，所以 t_2 更短。随局部立柱区域的增大，水滴的振荡时间 t_1 和结冰时间 t_2 缩短，这也是由于固液接触面积增大的缘故。另外，水滴在立柱类型壁面上的结冰时间 t_2 远小于光滑壁面，但和矩形沟槽壁面上水滴撞击结冰时间近似相等。

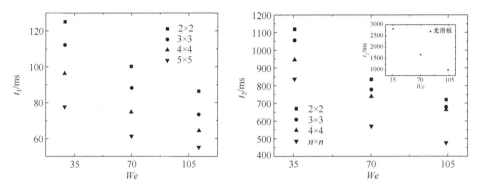

图 11.14　立柱类型与振荡和结冰时间的关系

表 11.2　不同类型立柱壁面上固液接触面积($T=-25℃$)

We	2×2/mm²	3×3/mm²	4×4/mm²	n×n/mm²
35	41	43	44	53
70	48	49	52	69
105	56	58	59	74

注：单个立柱的单个侧面积为 0.1mm²，当水滴完全覆盖在 2×2、3×3、4×4 的局部立柱壁面时，固液侧面积之和分别为 1.6 mm²、3.6 mm²、6.4mm²。

11.5　水滴撞击微沟槽壁面结冰行为分析

11.5.1　微沟槽结构对水滴运动行为的影响

对于亲水硅板和铜板而言，水滴在微结构壁面上具有各向异性。在垂直于沟槽方向，三相接触线在向外铺展的过程中受到沟槽的阻碍而不能连续地变化。当三相接触线从一个沟槽，跳到下一个临近的沟槽时，水滴的整体面积要瞬间增大很多，此时需要克服能垒[1]。能量壁垒会阻止水滴三相接触线沿垂直于沟槽方向的扩展，并且其阻碍作用要大于平行沟槽方向气液界面表面张力的向内拉力作用。因而，正如试验的现象，水滴在平行槽道方向的最大铺展直径大于垂直槽向的最大铺展直径。

如图 11.15 所示，当肋宽 N 固定、槽宽 M 增大时，水滴在铺展过程中进入到凹槽流道内的体积越多，壁面上的体积减小，结冰厚度变低，即 $h_2<h_1$，但固液总

接触面积 A 减小，结冰时间 t_2 变长；在槽宽 M 固定肋宽 N 增大时，铺展过程中进入流道的水滴体积减小，壁面上的体积增多，结冰厚度变高，即 $h_2 > h_3$，且固液接触总面积 A 增大，结冰时间 t_2 缩短。这是由于槽宽 M 增大时，水滴运动一个矩形微结构周期时需要克服的"能垒"升高，当这种制约作用大于平行沟槽方向固液间的黏性作用时，会驱使水滴沿着槽道方向运动，出现平行沟槽方向的最大铺展直径随 M 增大而变长，而垂直槽向最大铺展直径随 M 增大而缩短的试验现象。如果肋宽 N 增加，单个矩形微结构周期上凹槽的相对长度会缩小，垂直方向上"能垒"的阻碍作用降低，从而垂直槽向最大铺展直径随 N 增大而增长。

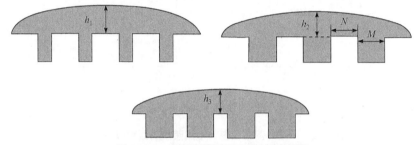

图 11.15　矩形沟槽壁面上结冰示意图

　　为进一步解释立柱壁面上撞击点对水滴铺展的影响，给出三种典型撞击点时，水滴在铺展过程中的受力示意图，如图 11.16 所示。可以发现：当撞击点位于立柱中心时(图 11.16(b))，横向(x 向)和纵向(y 向)立柱对水滴的阻力相等，且均指向撞击点，水滴沿槽道(x 向和 y 向)的动能分量相等，最终铺展结冰形态近似为矩形，且不存在"指状物分支"；当撞击点位于凹槽中心(即 4 个立柱的交点，图 11.16(c))，立柱对水滴的作用力仍指向中心点，但 x 向和 y 向的流道上阻力很小，水滴的动能更大，铺展的范围更广，最终冰形在撞击点的流道上会产生"指状物分支"；当撞击点位于凹槽流道时(图 11.16(a))，水滴受到 x 方向立柱的阻碍作用更大，而沿 y 方向的阻力小，最终冰形是 y 向会产生"指状物分支"(图 11.12

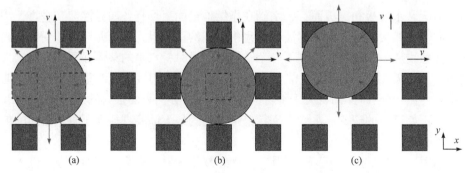

图 11.16　水滴铺展过程中的受力示意图

中 n×n)。虽然撞击点会影响最终的结冰形态，但对固液接触面积的影响却很小，近似相等。

11.5.2　最大铺展系数理论预测

一般情况下，润湿性是通过测量液体在固体壁面上的接触角来衡量的。接触角是固、液、气界面间表面张力共同作用的结果，平衡时体系总能量趋于最小，液滴在固体表面上处于稳定状态。接触角大则表示该表面具有疏水性，接触角小则表示该表面具有亲水性，其黏附能大于液体的内聚能。但当液滴置于粗糙表面时，由于壁面微观形貌的存在，将导致液滴在固体表面上的真实接触角无法测定。试验所测得的只是其表观接触角，而表观接触角与界面张力不符合 Young 方程[2]。

本章试验中，水滴与微沟槽硅板和铜板的接触模式为 Wenzel 模型[3]，第 10 章中已经给出了光滑壁面上水滴最大铺展系数和结冰时间的表达式，以此为基础，本节将推导水滴撞击微沟槽硅板壁面的最大铺展直径和结冰时间的数学表达式。水滴在撞击前的动能和表面能公式与式(10.1)和(10.2)相同，由于水滴撞击在微沟槽硅板表面时的结冰形态为椭圆柱形，因此，撞击后的表面能表示为

$$E_{\mathrm{c}} = \left[2\pi b + 4(a-b) \right] h\gamma_{\mathrm{gl}} + \pi ab\gamma_{\mathrm{gl}} \tag{11.1}$$

其中，$a = D_{\mathrm{maxp}}/2$ 为长半轴，$b = D_{\mathrm{maxv}}/2$ 为短半轴，h 则为液膜的厚度。

基于 Wenzel 润湿状态，对式(10.5)进行了修改，得到底面固液间的表面能为

$$E_{\mathrm{b}} = \pi ab\gamma_{\mathrm{gl}} \left(1 - \frac{\cos\theta}{r} \right) \tag{11.2}$$

其中，$r = \dfrac{N+M+2h}{N+M}$ (矩形壁面)。因此，撞击后总的表面能表示为

$$E_{\mathrm{s2}} = \left[2\pi b + 4(a-b) \right] h\gamma_{\mathrm{gl}} + \pi ab\gamma_{\mathrm{gl}} \left(1 - \frac{\cos\theta}{r} \right) \tag{11.3}$$

其中，椭圆周长近似为 $l_0 = 2\pi b + 4(a-b)$，面积 $A_0\pi ab$。撞击过程中的黏性耗散能近似为(10.5)，则最终最大铺展系数的表达式为

$$b_{\mathrm{Max}} = \frac{D_{\mathrm{Max}}}{D_0} = k\sqrt{\frac{We+12}{3\left(1-\dfrac{\cos\theta_{\mathrm{r}}}{r}\right) + 4\left(We/\sqrt{Re}\right)}} \tag{11.4}$$

式中，k 为修正系数，且平行槽向上 $k>1$，垂直槽向上 $k<1$。

11.5.3　结冰时间理论公式的修正

亲水光滑壁面上水滴结冰时间的理论表达式：

$$t_2 = \frac{m\left(H_5 + c\left(T_\mathrm{w} - T_0\right)\right)}{\dfrac{T_0 - T_\mathrm{s}}{\dfrac{\alpha h}{2A}\left(\dfrac{1-X_\mathrm{i}}{\lambda_\mathrm{s}} + \dfrac{X_\mathrm{i}}{\lambda_\mathrm{i}}\right)} + A_\mathrm{l} h_\mathrm{a}\left(T_\mathrm{a} - T_\mathrm{r}\right)} \tag{11.5}$$

式中，A_1 表示水滴表面积，A 指代固液接触总面积。

由于壁面微结构的存在，水滴的最终结冰形态可近似为椭圆柱状，实际的结冰厚度 h、水滴表面积 A_1 及固液接触面积 A 分别为

$$A_1 = \left[2\pi b + 4(a-b)\right]h \tag{11.6}$$

$$A = \pi ab + 4l\sum_{i-1}^{n} a\sqrt{1 - \frac{y_\mathrm{i}^2}{b^2}} \tag{11.7}$$

$$h = \frac{\left[\dfrac{4}{3}\pi\left(\dfrac{D_0}{2}\right)^3 - 4Ml\sum_{i-1}^{n} a\sqrt{1 - \dfrac{y_\mathrm{i}^2}{b^2}}\right]}{\pi ab} \tag{11.8}$$

式中，$n = \dfrac{b}{N+M}$ 取整。

由此可以印证，微结构的存在使得固液接触面积 A 增大，冰形厚度 h 降低，从而结冰时间大幅度缩短。为验证式(10.28)的准确性，图 11.17 对比了四种 We 数下不同尺寸硅板上水滴撞击结冰时间理论预测值和试验结果。可以发现，与试验规律相一致，槽宽 M 越大，结冰时间 t_2 越长，且二者的最大相对误差小于 10.8%。

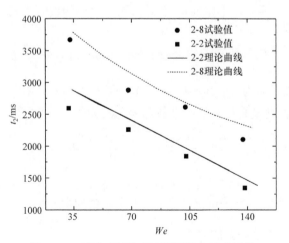

图 11.17　结冰时间的理论预测值和试验结果

11.6　本　章　小　结

　　采用类 LIGA 法制备出多种规则微沟槽铜板和硅板，测试了水滴撞击微沟槽低温亲水壁面的结冰过程。结果表明：平行沟槽方向的固液最大接触线长度大于垂直沟槽方向；随槽宽的增大，最大铺展直径在平行沟槽方向增长，而垂直沟槽方向缩短，同时，振荡和结冰时间变长；随肋宽增大，水滴在平行和垂直沟槽方向的最大铺展直径均增大，振荡和结冰时间均缩短；另外，撞击点不同时，水滴在立柱型壁面上的结冰形态各有不同；光滑壁面水滴撞击结冰时间理论公式仍适用于微沟槽壁面，但误差增大。

参 考 文 献

[1] Gao L C, Mccarthy T J. Contact angle hysteresis explained[J]. Langmuir, 2006, 22(14): 6234-6237.

[2] Young T. An essay on the cohesion of fluids[J]. Philosophical Transactions of the Royal Society of London, 1805, 95: 65-87.

[3] Wenzel R N. Resistance of solid surfaces to wetting by water[J]. Industrial & Engineering Chemistry, 1936, 28: 988-994.

第 12 章   疏水性壁面上水滴撞击结冰行为

12.1   引   言

第 10 章和第 11 章中，分别研究了水滴撞击亲水光滑和亲水微沟槽壁面的结冰过程，而疏水性壁面也是常见的润湿性壁面之一。本章则通过刻蚀法在光滑铜板上制备不同疏水性的一系列试验板，通过分析疏水性壁面水滴撞击结冰过程，总结出最大铺展系数以及结冰时间，分别给出常温和低温下疏水性壁面的水滴弹跳规律。进一步研究水滴撞击亲/疏水相间结构壁面的结冰行为，并对水滴结冰时的"引导"现象、"切割"现象以及"汇聚"现象进行解释。

12.2   制   备   方   法

12.2.1   壁面润湿性表征

固体壁面的润湿性和很多物理化学过程密切相关，如吸附、润滑、黏合和摩擦等现象。其在催化、采油、选矿、润滑、涂饰、防水和生物医用材料等众多领域中，都有着重要的应用[1]。固体壁面的润湿程度通常以接触角表征，它是固、液、气三相界面处表面张力平衡的结果。其三相线上的接触角与各表面张力之间的函数关系则分别由 Young 方程、Wenzel 模型和 Cassie-Baxter 模型给出，在第 2 章已做具体的阐述。

12.2.2   疏水性壁面制备方法

根据壁面润湿性的相关理论，制备疏水性壁面的方法可以分为两种：一种是采用化学蚀刻结合疏水性物质浸泡的方法在表面制备出一层疏水性薄膜；另一种是在壁面上加工粗糙的微纳二级结构，然后使用低表面能材料进行修饰。基于这两类制备技术延伸出多种制备方法，如蚀刻法、平板印刷法、溶胶-凝胶法、层层自组装技术、胶质装配、电化学沉积等，这些方法目前发展得都比较成熟。本章采用化学蚀刻+疏水性物质浸泡附着法[2]和直接喷涂超疏水涂料的方法制备出两种疏水性壁面，研究了不同疏水性壁面对水滴结冰过程的影响。

(1) 蚀刻附着法。图 12.1 是使用扫描电镜拍摄的蚀刻附着法制备的铜板表面的 SEM 图。其制备流程为：首先，将铜板切割为 50mm×50mm×1mm 的铜片，使用 1500 目的砂纸将铜片打磨光滑，用去离子水冲洗表面依次用去污粉、丙酮和去离子水清洗，将洗干净的铜片室温下晾干。然后，配置化学腐蚀溶液，化学溶液中包含 HCl、HF、HNO$_3$，其体积比为 V(HCl)∶V(HNO$_3$)∶V(HF) = 15.0∶5.0∶0.5，混合后加入去离子水稀释，充分搅拌后避光保存。之后，将铜片放入腐蚀液中蚀刻，将腐蚀溶液容器放在超级恒温槽中，设定温度为 70℃。蚀刻一定时间后取出，用大量去离子水进行冲洗铜片的表面，室温下干燥待用。最后，称取一定量的硬脂酸和无水乙醇，配置成 8.75mol/L 的硬脂酸溶液。将配置的液体在 70℃下置于电磁搅拌机上充分搅拌形成无色透明的溶液，再将清洗晾干后的铜片置于制备好的溶液中浸泡 1h，取出后 N$_2$ 中风干。通过此方法制备的铜板表面，水滴的接触角基本在 110°～150°(图 12.2(a)、(b)，利用接触角测量仪测得的模型板壁面上水滴的接触角照片)，甚至可以大于 150°。其接触角主要取决于铜板在酸溶液中的蚀刻时间，以及硬脂酸溶液的浓度和附着浸泡时间。

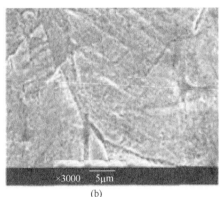

(a)   (b)

图 12.1　蚀刻法的表面 SEM 图

(a)   (b)   (c)

图 12.2　水滴在两种疏水性铜板表面上的接触角照片

(2) 涂层法。本方法采用的超疏水涂层为一种商业化涂层：Ultra-Ever Dry (Ultratech International, INC)[3]。该涂层同时具备低表面能和微纳米复合结构。在未添加任何粗糙粒子的情况下，水滴的接触角可以达到 165°，接触角滞后小于 2°(图 12.2(c))。其微结构如图 12.3(a)、(b)所示。对于未添加任何粒子的 Ultra-Ever Dry 涂层，其表面为微、纳米复合结构。在微米结构基础上，很多纳米尺寸的凹凸结构(图 12.3(b))进一步增加了气液界面分数，从而使其具有超疏水性，同时其表面上气液界面有很强的稳定性(微结构尺寸越小，气液界面越稳定)。

图 12.3　Ultra-Ever Dry 涂层 SEM 图

12.3　水滴撞击疏水性壁面的结冰行为

12.3.1　疏水性壁面水滴撞击结冰过程

在光滑铜板表面上利用蚀刻法制备出不同疏水性的一系列试验板，本节选取三种(112°、126°、142°)不同润湿性壁面，测试了水滴撞击结冰过程。从图 12.4 中可以发现：低温疏水壁面上水滴撞击结冰现象明显和低温亲水光滑壁面不同，在铺展过程中水滴出现"指状物分支"；在回缩阶段，固液接触线不再稳定不变，而

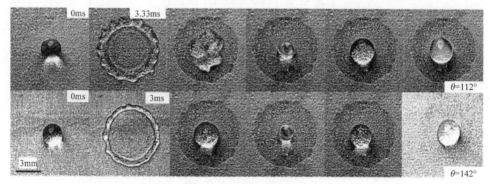

图 12.4　水滴撞击疏水性壁面的结冰过程($T=-25℃$，$We=70$)

是向内收缩, 且回缩后发生弹跳、溅射小水滴现象, 稳定后水滴外形为缺球状(侧视), 接触角大于 90°, 固液热传递面积明显小于亲水情况, 总结冰时间显著增长。这些现象产生的原因都在于疏水性材料降低了壁面的表面能, 使得水分子和固体分子间的吸引力减小, 相对的斥力增大; 且疏水性壁面的微结构缩小了固液接触面积, 减弱铺展和结冰阶段的热流密度, 从而水滴整体温度降速减缓, 铺展至最大接触直径时, 近壁面水层温度仍高于冰点, 使得水滴回缩, 接触线发生变化, 结冰时间显著增长。

12.3.2　最大铺展系数和结冰时间

图 12.5 和图 12.6 分别给出了不同疏水性壁面上, 水滴最大铺展系数和结冰时间随 We 数的变化规律。可以发现: 随壁面疏水性的增强, 水滴撞击低温壁面

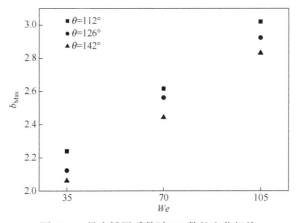

图 12.5　最大铺展系数随 We 数的变化规律

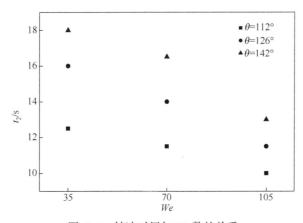

图 12.6　结冰时间与 We 数的关系

的最大铺展系数逐渐减小，结冰时间延长。其原因主要在于：不同于亲水壁面，水滴在疏水性壁面上运动时，固液间分子吸引力减弱，表面张力相对性增强，使得水分子的回复力增大，且疏水性越强，分子间吸引力越小，水滴更容易产生"指状物分支"，而回复力越强，最大铺展系数越小；回缩过程固液接触面积逐渐减小，且发生弹跳现象，当水滴脱离壁面时，固液间不存在热量交换，相反地，水滴还从外部吸收热量，疏水性越强，弹跳现象越明显，固液分离时间越长，则结冰时间越长。

12.3.3 低温疏水性壁面水滴弹跳规律

已有研究表明，水滴撞击常温疏水性壁面时会发生弹跳现象，且对弹跳现象的力学过程也做了简要阐述[4]。本小节根据试验情况，给出了低温壁面水滴弹跳行为的理论分析。

水滴从撞击到最终结冰经历铺展、回缩、结冰三个阶段，在铺展过程中，水滴在动能 E_{k1} 的驱动下向外铺展，克服分子间引力做功，使得固液接触面积变大，表面能增高，此过程中水滴的动能一部分用来克服壁面的黏性耗散 W_1，一部分转化为水滴的表面能 E_{s1}，且低温壁面温度越低，疏水性越差时，固液间热流量越大，水滴温度降低越快，黏性系数和表面张力系数增大，黏性损耗越大；在回缩阶段，水分子在范德瓦耳斯力的作用下向中心收缩，固液接触面积减小而速度增加，此过程中 E_{s1} 克服 W_2 并转化为 E_{k2}。由于疏水性壁面对水滴的黏性耗散远小于亲水壁面，因而，在当水滴收缩至中心点时，可能还会有较大的动能。如果水滴具有的动能满足方程：$E_{sMin} < E_{k2} < E_{s2} + E_h$，则不发生弹跳现象但是有脱离壁面向上弹起的趋势，其中 E_p 表示重力势能，E_{sMin} 表示水滴具有的最小表面能；随撞击 We 数或壁面疏水性的增加，会有 $E_{v2} \geqslant E_s + E_h$，此时水滴整体脱离固体壁面向上运动，发生弹跳现象；当撞击 We 数或壁面疏水性继续增大时，水滴弹跳时的动能更大，且速度呈现出上大下小的趋势，当上部具有的动能大于表面能，就会弹射出小水滴。相对于常温壁面，低温疏水性壁面上，水滴发生弹跳现象所需的撞击速度或疏水性更高，这是由于固液间热量传递使得水滴温度降低，黏性系数和表面张力系数增大，运动过程中黏性耗散 W_1+W_2 增大，弹跳所需的起始能增加。

12.3.4 疏水性壁面水滴撞击结冰理论

第 10 章和第 11 章分别研究了水滴撞击亲水光滑和亲水微沟槽壁面的结冰过程，水滴从固液接触开始至最终完全结冰都与低温壁面存在热量传递。而本章中，撞击低温疏水性壁面，水滴在回缩时发生了弹跳现象，弹跳过程中固液分离，不存在低温壁面吸收水滴热量的情况。即使水滴回落到壁面上，也会发生再次弹跳或固液接触线振荡的情况，因而第 10 章和第 11 章所推导的结冰时间公式不适用于本章试验。水滴铺展、弹跳、破碎是由 We 数、壁面温度、壁面疏水性等多种因素共同影响的，如果想要给出疏水壁面上的结冰时间公式，则需要重新定义"结冰时间"，必须舍弃铺展、弹跳、破碎直至固液接触线保持不变之前的水滴运动行为，将疏水性壁面上的水滴结冰时间 t 定义为：水滴固液接触线恒定时刻至最终完全结冰的时间段，即稳定结冰时间。另外，本章前几节所统计的结冰时间仍是 t_2，即从固液接触至最终完全结冰的时间段，其在实际生产生活中更有研究的意义。

图 12.7 给出了水滴撞击疏水壁面稳定后的结冰示意图，其中，空气温度 T_a=20℃，水滴温度 T_w，低温壁面温度 T_s=−25℃，水滴稳定时的接触角 θ，高度 h，固液接触直径 D。在第 2 章的基础上，对水滴在疏水壁面上的结冰物理模型做出以下简化：忽略破碎现象时，水滴损失的少量体积，认为体积守恒；忽略新定义的结冰时间 t 之前的水滴与壁面间的热量传递。从图 12.7 可知：

$$h = D_0(1-\cos\theta)/2 \tag{12.1}$$

$$D = D_0\sin(\pi-\theta) \tag{12.2}$$

$$A_1 = 2\pi rh = \pi D_0^2(1-\cos\theta)/2 \tag{12.3}$$

$$A_2 = \pi D_0^2\sin^2(\pi-\theta) \tag{12.4}$$

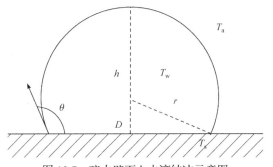

图 12.7 疏水壁面上水滴结冰示意图

试验发现水滴稳定时的接触角大于 90°，且疏水性越强，稳定时接触角越大，但都小于各自相应的静态接触角。另外，重新统计了水滴固液接触线恒定时刻至最终结冰的时间(新定义的"结冰时间" t)，并利用式(10.28)计算结冰时间，理论曲线和实际试验值的对比结果见图 12.8。可以发现，与试验规律相一致，We 数越大，结冰时间越短，疏水性越强，结冰时间越长。对于 112°蚀刻的疏水板而言，理论曲线和试验值的最大相对误差低于 9.2%，但 Ultra-Ever Dry 试验板的理论曲线和试验值的最大相对误差约 16.1%。这是由于疏水性越强，水滴溅射现象越明显，最终结冰时损失的体积就越多，试验结冰时间就会缩短，同时忽略固液接触线稳定前的热量传递，也使得理论结冰时间大于试验值。

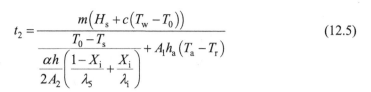

$$t_2 = \cfrac{m\left(H_s + c\left(T_w - T_0\right)\right)}{\cfrac{T_0 - T_s}{\cfrac{\alpha h}{2A_2}\left(\cfrac{1-X_i}{\lambda_5} + \cfrac{X_i}{\lambda_i}\right)} + A_1 h_a\left(T_a - T_r\right)} \tag{12.5}$$

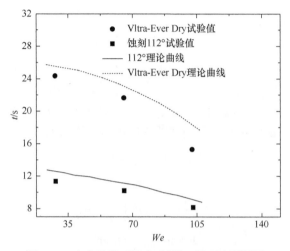

图 12.8　疏水壁面"结冰时间" t 的理论预测图

12.4　水滴撞击超疏水表面的结冰行为

12.4.1　常温超疏水表面水滴撞击过程

　　为对比低温撞击结冰现象，首先考察了不同 We 数下，水滴撞击常温超疏水表面的运动行为，如图 12.9 所示。可以发现：与亲水壁面不同，超疏水表面上水滴撞击过程可以分为铺展、回缩(破碎)、弹跳和稳定四个阶段；铺展阶段时间极短，约 3～4ms，在 1.67ms 时刻，We 数越大，瞬时铺展直径越大；随 We 数升高，最大铺展直径增大，依次为 5.76mm、7.02mm、7.15mm，且逐渐产生"指状物分支"，其数量逐渐增多。这是由于 We 数越大，水滴具有的初始动能增加，铺展过程中转化的表面能越多，水滴铺展面积就越大。当水滴铺展至最大直径时，如果惯性作用突破水分子间黏性力的束缚，水滴边缘就会被拉细，出现"指状物分支"。而且 We 数越大，这种作用越强，产生"指状物分支"的数量也就越多；回缩阶段，当 $We=35$ 时，水滴从四周向内部均匀收缩，即回缩时仍近似为圆环状。当 $We=70$ 时，回缩过程中有更明显的"指状物分支"产生，且其位置与最大铺展直径的"指状物分支"相一致。在 $We=105$ 时，回缩过程中水滴发生破碎现象。这产生的原因在于：水滴的初始动能大于铺展过程中固液黏性耗散和水滴最大表面能之和。根据能量守恒原则，最大铺展直径时刻的水滴仍有足够的能量使得水滴向外运动，所以"指状物分支"被拉得更细，直至断裂；根据 1.4 节弹跳理论解释可知，水滴撞击超疏水表面时均可发生弹跳现象。当 $We=35$ 时，水滴整体弹跳；当 $We=70$ 时，弹跳过程中分离出小水滴；当 $We=105$ 时，由于破碎的缘故，水滴剩余部分弹跳，且仍可分离出小水滴。

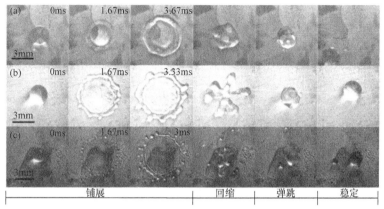

图 12.9　水滴撞击超疏水表面的运动行为($T=25$℃)
(a) $We=35$；(b) $We=70$；(c) $We=105$

12.4.2　低温超疏水表面水滴撞击结冰过程与破碎行为

图 12.10 给出了四种 We 数下，水滴撞击低温($T=-25$℃)超疏水表面的结冰时序图，并对比图 12.9 可以发现：

(1) 不同于常温撞击行为，水滴撞击低温超疏水表面时"指状物分支"数量明显减少；如图 12.9(b)的固液最大铺展时刻，有 9 个非常明显的"指状物分支"，而图 12.10(b)中，只有三四个不太明显的"指状物分支"；这是由于固液间热量传递使得水滴温度降低，黏性系数和表面张力系数增大，从而增加了铺展过程中的能量损耗，减小了水滴的表面能，所以"指状物分支"数量减少。

(2) 随 We 数增大，水滴的最大铺展直径增大，且弹跳时间明显缩短。

(3) 在逐渐增大的四种 We 数下，水滴依次出现整体弹跳、弹跳并溅射小水滴、破碎弹跳、破碎后弹跳溅射小水滴的现象。

继续研究温度对水滴撞击超疏水表面结冰行为的影响，从图 12.11 中可以发现：低温影响了微纳米疏水材料与水分子间的作用效果。在常温情况下，超疏水材料与水分子间的斥力很大，因而水滴撞击后出现破碎现象。随温度降低，两者间的斥力逐渐减小，试验测试中水滴撞击 $T=-25$℃的超疏水表面后发生破碎弹跳现象，但撞击 $T=-35$℃的超疏水表面时没有破碎现象，仅仅出现弹跳现象。

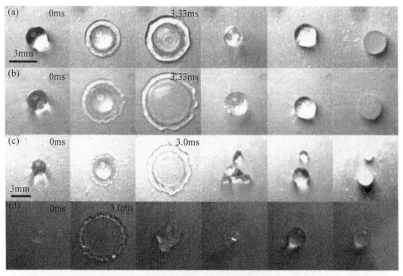

图 12.10　水滴撞击超疏水表面的结冰过程(T=−25℃)
(a) We =35；(b) We =70；(c) We =105；(d) We =140

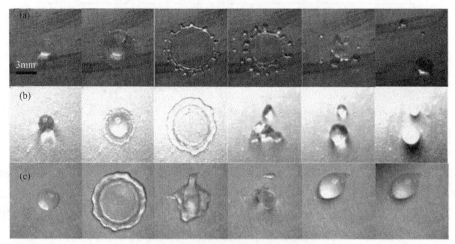

图 12.11　温度对撞击结冰行为的影响(We =105)
(a) T=25℃；(b) T=−25℃；(c) T=−35℃

　　通过以上两类试验可以得知，水滴 We 数和壁面温度是影响撞击结冰行为的最主要因素，统计这两种因素对水滴铺展系数和结冰时间的影响规律。图 12.12 给出了不同壁面温度时，We 数对最大铺展系数 b_{Max} 的影响。可以看出，水滴撞击常温超疏水壁面的 b_{Max} 大于低温壁面的 b_{Max}。壁面温度 T 越低，b_{Max} 越小；这是由于 T 越低，固液间温差 DT 越大，则热流密度 q 越大，导致近壁面水分子的整体温度越低，水的黏性系数和表面张力系数越大，水滴在铺展过程中克服黏性耗散和表面张力所做功越多,最终造成水滴最大铺展系数越小。随 We 数增大,b_{Max} 越大;其原因在于:We 数越大,水滴具有的初始动能(或总能量)越大,铺展过程中转化为表面能的能量以及克服固液间摩擦所做的功就越多,所以最大铺展系数越大。另外,对比第 10 章水滴撞击亲水壁面结冰行为试验,发现在撞击 We 数和壁面温度相同的情况下,水滴在亲水壁面上的最大铺展系数大于超疏水表面的 b_{Max}。

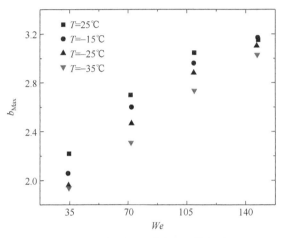

图 12.12　最大铺展系数与 We 数的关系

图 12.13 给出了水滴撞击超疏水表面结冰时间 t_2 的变化规律,可以发现:

(1) 超疏水表面有明显的延缓水滴结冰效果;水滴撞击亲水铜板的结冰时间约几秒(小于 5s),疏水性壁面上结冰时间约 10s,超疏水表面大约需要 20s 才能结冰。超疏水表面上水滴结冰时间延长的原因在于:其一,超疏水表面上水滴稳定后的固/液接触面积相对亲水固液接触面积有所缩小,且面积基本缩小 5 倍以上;其二,水滴撞击超疏水表面时发生弹跳现象,此阶段固液间不存在热量交换,且疏水性越强,弹跳时间越长。

(2) 随 We 数增高,结冰时间越短;这是由于 We 数越高,水滴越容易发生弹跳溅射小水滴现象,且小水滴体积也随 We 数升高而增大,故而稳定时水滴的体积越小;同时,We 数越大,水滴稳定时的固液间接触面积越大;这两者都使得水滴结冰时间 t_2 缩小。

(3) 超疏水表面温度 T 和 We 数共同决定结冰时间 t_2。在 We=35 时,水滴在三种低温壁面上都发生弹跳现象,稳定后的结冰过程主要取决于壁面温度,因而T 越低,结冰越迅速;在 We=70 时,水滴在 T=−15℃ 的超疏水表面上发生破碎现象(−25℃ 和−35℃ 仍是弹跳),破碎后的主水滴(体积最大的小水滴)体积明显减小,故而结冰时间缩短得更多,低于−25℃时的水滴结冰时间;在 We=105 时,−15℃

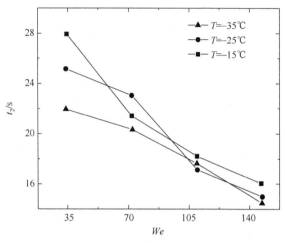

图 12.13　结冰时间与 We 数的关系

和-25℃的表面发生破碎现象，-35℃为弹跳，因而-25℃工况时的水滴结冰时间降低更多，甚至低于-35℃的结冰时间；在 We=140 时，三种试验情况下都会发生破碎现象，壁面温度又重新占主导因素，且此时三种撞击速度下的结冰时间差明显低于 We=35 的情况。

　　通过前期研究的水滴撞击常温超疏水表面的运动行为[5]，对比本节水滴撞击低温超疏水表面结冰行为。可以发现，水滴撞击疏水性壁面时，由于撞击速度的不同，会出现不弹跳、部分弹跳、整体弹跳、弹跳并弹射小水滴、破碎弹跳、完全破碎等多种现象。水滴经历铺展、破碎、弹跳和结冰四个阶段。铺展阶段水滴的运动行为见图 12.14(a)～(f)。水滴在初始动能 E_v 的作用下背离中心点向外运动，并克服分子间引力做功，固液接触面积和表面能逐渐增大。此阶段水滴的动能一部分克服固液间黏性耗散 W，一部分转变成水滴的表面能 E_s，当方程 $E_v > E_{sMax} + W$ 成立时（E_{sMax} 是水滴不发生破碎现象的临界/最大表面能），水滴不会发生破碎。随动能的增加，水滴在铺展阶段的表面能增加，其最大铺展直径也增加。当惯性作用突破水分子间黏性力的束缚，就会出现"指状物分支"（图 12.14(f)），"指状物分支"的出现增大了水滴整体的表面能。当撞击速度继续增加时，"指状物分支"不断变细，分支与整体水滴的分子间作用力不断减小。如果水滴的初始撞击速度达到某个临界值时，铺展过程中水滴的能量转化满足方程 $E_v > E_{sMax} + W$，"指状物分支"的惯性力足以克服分子间吸引力，就会脱离整体水滴，即水滴发生破碎。

　　对于一定体积的水滴，其最大铺展直径和表面能都存在极限值。当铺展过程中 E_s 达到极值而 $E_v \neq 0$ 时，根据能量最低原理，水滴近壁面层分子会克服临近第一、二层分子的引力而脱离水滴整体，使得水滴总体积不变而表面能增加，破碎出的水滴向外带走一部分动能，残余的水滴分子会继续在范德瓦耳斯力的作用下向内收缩，造成水滴表面积减小而速度增加。此阶段水滴能量变化为表面能 E_s 克服黏性耗散 W 并转化为动能 E_{vf}。由于超疏水表面对水滴的黏性耗散远小于亲水壁面，当水滴回缩至中心点时，如果动能较大，仍会出现向上弹跳的现象。另外，相对于常温壁面，低温疏水性壁面上，水滴发生破碎现象所需的撞击速度或疏水性更高，这是低温壁面造成铺展过程中水滴温度降低，黏性系数和表面张力系数增大的缘故。

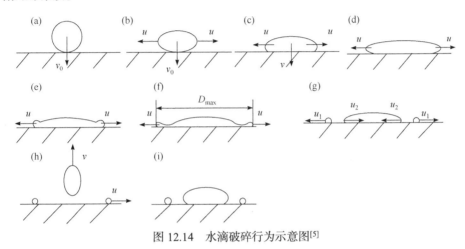

图 12.14　水滴破碎行为示意图[5]

12.5　水滴撞击亲/疏水相间结构壁面的结冰行为

12.5.1　水滴结冰"引导"现象

　　水滴撞击亲/疏水分隔壁面的结冰过程如图 12.15 所示。分隔线的上侧是喷涂 Ultra-Ever Dry 的超疏水表面，下侧是光滑的金属铜壁面，撞击点在分隔线上，低温壁面温度 $T=-25℃$。可以发现，铺展过程中亲水壁面上的铺展直径略大于超疏水表面；在水滴铺展至最大直径后，超疏水表面上的水分子向内回缩，并被"牵引"到亲水壁面上。其产生的原因在于：在下侧亲水区域，水滴受到固体壁面三相接触线的表面张力指向水滴外部，而在上侧超疏水区域，受到三相接触线的表面张力指向液滴内侧。因此，水滴运动到最大铺展面积时所受到固体壁面表面张力的合力指向亲水区域，使得液滴整体移向亲水区域；当 $We=70$（或>70）时，超疏水一侧明显地出现"指状物分支"，且部分分支在回缩过程中脱离整体水滴，发生破碎现象。

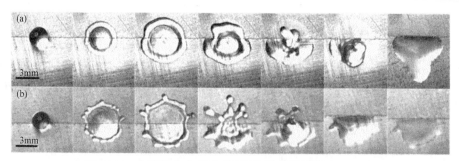

图 12.15　水滴撞击亲/疏水分隔壁面的结冰过程(T=−25℃)

(a) We=35；(b) We=70

表 12.1 给出了最大铺展直径时刻，固液接触线的长度以及稳定时接触面积的大小(图 12.15)。其中，L_0 为分隔线上的最大固液接触长度，L_1 为超疏水表面上最大接触线长度，L_2 为亲水壁面上最大接触线长度，S_0 为稳定时固液接触面积。可以发现，随 We 数增加，三种接触线长度和稳定时固液接触面积都逐渐增大；L_0 大于 L_1 和 L_2 任意一个，但小于两者之和，这说明分界线上的固液接触线是由亲/疏水表面共同决定的；且 $L_2>L_1$。

表 12.1　固液接触线的长度和接触面积随 We 数的变化规律(T=−25℃)

We	35	70	105
L_0/mm	5.38	5.89	6.34
L_1/mm	2.56	3.15	3.68
L_2/mm	3.41	3.57	3.89
S_0/mm^2	21.78	23.21	25.47

图 12.16 给出了结冰时间 t_2、水滴铺展至最大固液接触面积的时间 t_0、水滴全部回缩到亲水壁面的时间 t_3 随 We 数的变化规律。可以发现：

(1) 随 We 数增大，t_0 和 t_2 逐渐缩短，t_3 逐渐延长。这是由于 We 数越大，水滴铺展的范围越广，黏性耗散的能量也越多，疏水侧水滴受到的回复力较小，因而回缩时间较长，即 t_3 变长；同时，We 数升高导致稳定时固液接触面积 S_0 增大，由热力学知识可知，结冰时间 t_2 减小。

(2) 亲/疏水分隔壁面上水滴的结冰时间约 5~10s，其介于完全亲水和完全疏水壁面的结冰时间之间。其产生的原因在于：亲水壁面上的固液热传导面积大于亲/疏水分隔壁面，结冰时间较短；而疏水壁面由于弹跳(固液分离)时间和稳定时的接触面积较小的原因，导致结冰时间最长。

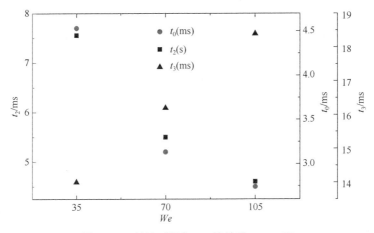

图 12.16 结冰时间与 We 的关系($T=-25℃$)

12.5.2 水滴结冰"切割"现象

水滴撞击超疏水肋条壁面的结冰过程如图 12.17 所示。中间肋条区域喷涂 Ultra-Ever Dry,两侧是光滑的金属铜壁面,撞击点在肋条中心,壁面温度 $T=-25℃$,水滴撞击 $We=70$,图 12.17(a)、(b)、(c)中的超疏水肋条宽度依次 1mm、2mm、3mm。可以发现,水滴在超疏水肋条方向上的铺展受到抑制,且在回缩过程中超疏水区域的收缩速度要大于亲水区域,并最终被切割开;这是由于在亲水区域,水滴收缩过程固体壁面对水滴的力指向外部,阻碍液滴收缩。而在疏水肋条区域,固体壁面沿三相接触线对水滴的作用力指向内部,促进水滴在疏水区域收缩,从而达到切割水滴的效果。同时,水滴在疏水肋条上回缩时,有可能出现"撕裂"现象,但并不都是由外向内连续性回缩,疏水肋条宽度越大,"撕裂"现象越明显;

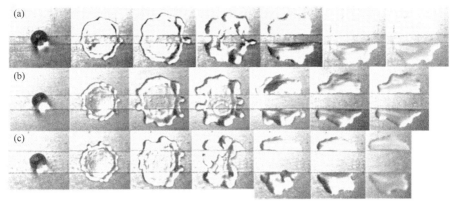

图 12.17 水滴撞击超疏水肋条壁面的结冰过程($We=70$, $T=-25℃$)

超疏水区域宽度:(a) 1mm;(b) 2mm;(c) 3mm

其原因可能在于：铺展过程中，水滴在超疏水肋条上的液膜很薄，当铺展至一定直径时(速度未降至零)，向外的分子间作用力和向内的固液间作用力使得局部液面分离，出现"撕裂"现象。另外，随超疏水肋条宽度增大，水滴切割速度越快，但最终稳定面积缩小；这是由于超疏水区域越宽，固体壁面沿三相接触线对水滴的作用力越大，进而切割速度越快。同时统计出不同撞击情况时的稳定接触面积，即固液热传导面积，见表 12.2。

表 12.2　稳定时亲水壁面固液接触面积(T=−25℃)

肋条宽度	We	
	70	105
1mm	27.77	34
2mm	26.7	31
3mm	22.6	25.2

图 12.18 给出了超疏水肋条宽度为 1mm 和 3mm 时，水滴铺展直径的变化曲线。其中，P 表示沿着超疏水肋条上的方向，V 表示垂直肋条的方向。可以发现，当 We=70 且肋条宽度不同时，水滴在垂直肋条方向上的铺展直径仍基本相等，即肋条窄时，亲水区域水滴铺展得更宽阔，肋条宽时，亲水区域铺展的范围小，这与表 12.2 相对应；同时，水滴在超疏水肋条上的铺展直径随肋条宽度的增大而减小，这是由于肋宽越大，固体壁面沿三相接触线对水滴的作用力(向内)越大，阻碍了水滴的运动，从而肋条上的铺展直径越小。

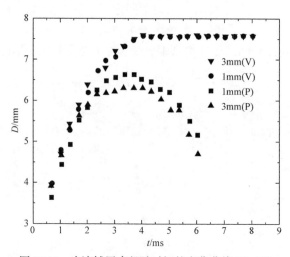

图 12.18　水滴铺展直径随时间的变化曲线(We=70)

图 12.19 给出了不同超疏水肋条宽度时，水滴铺展时间和结冰时间的变化规

律，可以发现：

(1) We 数越高，水滴的铺展时间越短；超疏水肋条宽度越宽，铺展时间也越短。前者的原因在于，水滴初始动能增加，在最大铺展直径前，相同时刻的铺展直径增大，固液间热流量增大，水滴整体温度降低得越快，水分子的黏性系数和表面张力系数增大，能量损耗越快，因此铺展时间越短。后者的原因在于，相对于亲水壁面，水滴在超疏水表面上受到的固液间阻力更小，铺展更迅速，因此，随肋条宽度的增加铺展时间减小。

(2) 随 We 数增大，结冰时间越短；随超疏水肋条宽度增加，结冰时间延长。前者是固液接触面积增大导致热流量增加的缘故，后者是由于肋条宽度增加时，水滴稳定时的固液接触面积反而减小的缘故(表 12.2)。

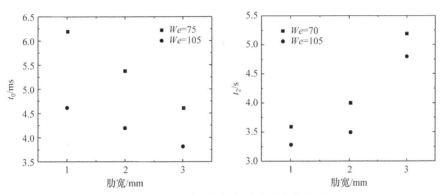

图 12.19　铺展时间、结冰时间与超疏水肋宽的关系(T=−25℃)

12.5.3　水滴结冰"汇聚"现象

不同于 12.4.2 节，如果肋条是亲水基底，而四周是超疏水涂层，水滴撞击结冰现象就有所改变，如图 12.20 所示。其中，中间肋条区域是光滑的金属铜板基底，四周喷涂 Ultra-Ever Dry，撞击点在肋条中心，T=−25℃。可以发现：

(1) 水滴撞击两侧疏水，中间亲水壁面时，最终水滴稳定和结冰形态类似于束缚在亲水条带上的"小山包"；

(2) 铺展过程中，亲水条带上的铺展直径明显大于疏水壁面上的铺展直径，这是由于亲水和疏水固体壁面沿三相接触线对水滴的作用力分别向外(指向水滴四周)和向内(指向水滴中心)，因而亲水条带铺展直径较大；

(3) 亲水条带宽度相同时，We=35 时，水滴整体回缩，We=70 时，水滴出现"指状物分支"和破碎现象；

(4) We 数相同时，亲水条带越宽，铺展过程的"指状物分支"越少，且破碎现象逐渐消失；

(5) 亲水条带越宽，水滴稳定和结冰时固液接触面积越大。

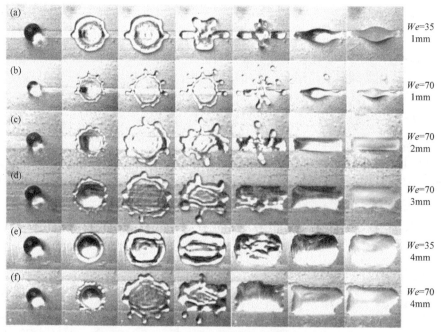

图 12.20　水滴"汇聚"结冰过程($T=-25℃$)

　　图 12.21 给出了亲水肋条宽度为 1mm，壁面温度 $T=-25℃$时，水滴铺展直径随 We 数的变化规律。其中，P 表示亲水肋条上的方向，V 表示垂直肋条的方向。随 We 数增大，水滴在亲水条带上的铺展直径逐渐增大，但由于水滴撞击超疏水表面时会发生溅射现象，导致 $We=105$ 时，大量的小液滴分离出去，反而造成水滴的铺展直径小于 $We=70$ 时的铺展直径。

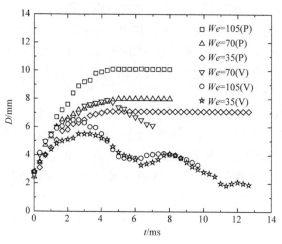

图 12.21　We 数对铺展直径的影响

图 12.22 展示了水滴 We=70，壁面温度 T=-25℃时，水滴铺展直径随亲水肋条宽度的变化规律。可以发现，随亲水肋条宽度的增加，水滴在亲水条带和疏水表面上的铺展直径均逐渐缩短。这是由于亲水壁面对水滴的吸引力远大于疏水表面，当亲水区域增大时，水滴铺展过程受到的黏性耗散增多，从而减小了亲水区和疏水壁面上的铺展直径。另外，亲水肋条上的铺展直径始终大于疏水表面上的铺展直径。

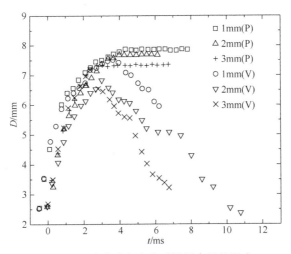

图 12.22　亲水肋条宽度对铺展直径的影响

从图 12.22 可以明显看出稳定时固液接触面积存在差距，为此，统计出水滴撞击不同宽度亲水肋条时的稳定固液接触面积至关重要。如图 12.23(a)所示，可以发现，随 We 数增高，固液接触面积逐渐提升；随亲水肋条宽度增加，水滴结冰过程的热传导面积也增大，且亲水肋条宽度为 3mm、4mm 时的接触面积大于 1mm、2mm。固液接触面积的大小直接决定了水滴结冰时间的长短。由图 12.23(b)可见，

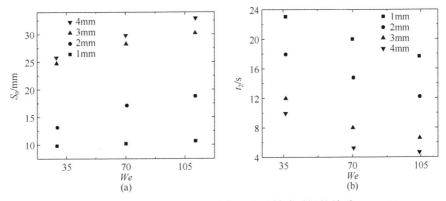

图 12.23　亲水肋条宽度与稳定时接触面积和结冰时间的关系(T=-25℃)

We 数越大，结冰时间越短；随亲水肋条宽度增大，结冰时间逐渐缩短，这是固液接触面积随亲水肋条宽度增大而增加的缘故。

　　同时，继续研究水滴撞击"十字"形亲疏水相间结构的壁面，如图 12.24 所示。其中，图 12.24(a)展示的是水滴撞击"十字"疏水条带，四周是亲水基底的低温壁面；12.24(b)展示的是水滴撞击"十字"亲水条带，四周是超疏水表面的结冰过程。同样发现了类似"切割"和"汇聚"的结冰现象。由此可推测，通过在亲水基底上制备超疏水图案或者在超疏水表面上进行局部亲水处理，将亲、疏水特性在同一个表面上结合，制备出典型的亲疏水性相间结构，就可以控制壁面的润湿区域来防、控壁面结冰行为，为工程实践提供参考价值。

图 12.24　水滴撞击不同亲疏水相间结构的结冰过程(*We*=70，*T*=−25℃)

12.6　本章小结

　　通过蚀刻附着法和 Ultra-Ever Dry 法制备了不同疏水性及亲疏水相间结构的壁面，开展了不同壁面温度和 *We* 数下水滴撞击结冰试验。试验发现，由于壁面疏水性的差异，水滴撞击铺展时出现"指状物分支"，且回缩过程发生弹跳、溅射、破碎等现象，并发现疏水壁面明显延缓了水滴结冰。在不同亲疏水相间结构上，试验发现了壁面对水滴的"导引"、"切割"和"汇聚"三种特殊现象，由此可以引发人们对防结冰问题的思考。即通过亲/疏水特殊结构壁面，在无法阻止水滴结冰的情况下，可以人为地引导水滴结冰，让需要保护的部位不发生结冰现象。另外，重新定义了疏水壁面上的水滴结冰时间 *t*，并依据第 10 章的结冰公式，对比了理论预测值和试验值，发现在 Ultra-Ever Dry 表面上，两者间的最大相对误差约 16.1%。这是由于推导公式中忽略固液接触线稳定前的热量传递及弹跳、破碎时的体积损失的缘故。

参 考 文 献

[1] 赵宁, 卢晓英, 张晓艳, 等. 超疏水壁面的研究进展[J]. 化学进展, 2007, 19(6):860-871.

[2] 胡海豹, 陈立斌, 黄苏和. 浸泡法快速制备超疏水黄铜表面[J]. 上海交通大学学报, 2013, 47(8):1271-1274.

[3] Ting T H, Yap Y F, Nguyen N T, et al. Active control for droplet-based microfluidics-art. no. 64160E[J]. P Soc Photo-Opt Ins, 2007, 6416E4160.

[4] 陈立斌. 疏水性壁面液滴典型运动行为研究[D]. 西安: 西北工业大学, 2014.

[5] 胡海豹, 陈立斌, 黄苏和. 水滴撞击黄铜基超疏水表面的破碎行为研究[J]. 摩擦学学报, 2013, 33(5):449-455.

附　　录

附录表 1　各种作用力的键能值

类型	作用力种类	能量/(kJ/mol)
化学键	离子键	586～1047
	共价键	62.8～712
	金属键	113～347
	氢键	<50
范德瓦耳斯	偶极力	<21
	诱导偶极力	<2.1
	色散力	<41.9

附录表 2　金属和一些化合物的表面张力

金属	温度/℃	表面张力/(mN/m)	化合物	温度/℃	表面张力/(mN/m)
Hg	20	486.5	NaCl	1073	115
Na	130	198	$KClO_3$	368	81
K	64	110.3	KNCS	175	101.5
Sn	332	543.8	N_2O	182.5	24.26
Ag	1100	878.5	NOCl	−10	13.71
Gu	110	1315～1320	$NaNO_3$	308	116.6
Ti	1680	1588	$K_2Cr_2O_2$	397	129
Pt	熔点	1800	$Ba(NO_3)_2$	595	134.8
Fe	1550	1790～1852	$BaCl_2$	1050	172
Ni	1600	1720	$LiSO_4$	1050	215
Zn	550	778			
Au	1200	1120			
Pb	400	433			

附录表 3　普通物质表面张力

液体	温度	γ/(mN/m)	液体	温度	γ/(mN/m)
氢	−188	13.2	苯	20	28.89
溴	20	41.5	溴苯	20	36.5
氯	−60	31.2	溴仿	20	41.53
氩	−217.5	0.353	二硫化碳	20	32.33
氢	−255	2.31	二氧化碳	−25	9.13
氖	−248	5.50	四氯化碳	20	26.95
氮	−203	10.53	氯仿	20	27.14
氧	−183	13.2	乙醇	20	22.75
氯	34.1	18.1	水	18	73.05

附录表 4　针头规格与所产出的液滴大小关系对应表

针头规格(号)	26	22	18	16	12	8
液滴体积/μL	9	15	25	29	36	63
液滴直径/mm	2.58	3.06	3.63	3.81	4.45	4.94

附录表 5　水的物理性质

温度 /℃	重度 γ/(kN/m³)	密度 ρ/(kg/m³)	黏性系数μ/ ($\times 10^3$ N·s/m²)	运动黏性系数 ν/($\times 10^6$, m²/s)	表面张力 σ/(N/m)	蒸气压强力 P_V/(kN/m², abs)	蒸气压头 P_V/γ, m	体积弹性模 E_V/($\times 10^{-6}$kN/m²)
0	9.805	999.8	1.781	1.785	0.0756	0.61	0.06	2.02
5	9.807	1000	1.518	1.519	0.0749	0.87	0.09	2.06
10	9.804	999.7	1.307	1.306	0.0742	1.23	0.12	2.1
15	9.798	999.1	1.139	1.139	0.0735	1.7	0.17	2.15
20	9.789	998.2	1.002	1.003	0.0728	2.34	0.25	2.18
25	9.777	997	0.89	0.893	0.0720	3.17	0.33	2.22
30	9.764	995.7	0.798	0.8	0.0712	4.24	0.44	2.25
40	9.73	992.2	0.653	0.658	0.0696	7.38	0.76	2.28
50	9.689	988	0.547	0.553	0.0679	12.33	1.26	2.29
60	9.642	983.2	0.466	0.474	0.0662	19.92	2.03	2.28
70	9.589	977.8	0.404	0.413	0.0644	31.16	3.2	2.25
80	9.53	971.8	0.354	0.364	0.0626	47.34	4.96	2.2
90	9.466	965.3	0.315	0.325	0.0608	70.1	7.18	2.14
100	9.399	958.4	0.282	0.294	0.0589	101.33	10.33	2.07

附录表6　标准大气压下常见液体物理性质(SI 单位制).

液体名称	温度 $T/℃$	密度 $\rho/(\text{kg/m}^3)$	相对密度 s	黏性系数 $\mu/$, $(\times10^5\text{N}\cdot\text{s/m}^2)$	表面张力系数 $\sigma/(\text{N/m})$	蒸汽压力 $P_v/(\text{kN/m}^2,\text{abs})$	弹性模量 $E_v/$ $(\times10^{-6}\text{N/m}^2)$
苯	20	895	0.90	6.5	0.029	10.1	1030
四氟化碳	20	1588	1.50	9.7	0.026	12.1	1001
原油	20	856	086	72	0.03	—	—
汽油	20	678	0.68	2.9	—	55	—
甘油	20	1258	1.26	14900	0.063	0.000014	4350
氢	−257	72	0.072	0.21	0.003	21.4	—
煤油	20	808	0.81	19.2	0.025	3.20	—
水银	20	13550	13.56	15.6	0.51	0.00017	26200
氧	−195	1206	1.21	2.8	0.015	21.4	—
SAE10 油	20	918	0.9	820	—	—	—
SAE30 油	20	918	0.92	4400	—	—	—
水	20	998	1.00	10.1	0.073	2.34	2070

后　记

　　液滴动力学行为纷繁而又复杂。研究液滴的振荡、破碎以及液滴运动与环境流场的耦合过程，在很大程度上需要非线性动力学理论体系的支撑；而液滴在固壁平板上的运动过程更是涉及移动接触线附近从纳米到毫米尺度流动的耦合作用，需要具备多尺度运动解构的理论和试验分析技术。通过国内外学者们的持续探索，人们已在液滴动力学行为规律和机理方面获得长足进展。基于这些研究成果，工程技术人员在燃料电池促排水、机翼防除冰、功能材料喷涂等方面也有了巨大提升。不过，截至目前，仍有大量复杂液滴动力学机制有待深入揭示。根据过去几十年液滴动力学方向的研究进展，作者认为后续在下述方面的研究可能会有更进一步的发展。

　　1. 移动接触线理论研究

　　移动接触线理论研究的难点在于近分子尺度上流动解析手段的缺失，同时在试验方面观测手段和试验条件的控制，也制约了人们进行模型验证与正确物理机制特提出。随着研究的深入和分析观测手段的日趋丰富，新的观测数据、新的现象将被发现，新的理论模型和数学手段也将应运而生。这些工作将加深人们对自然现象的认识，同时也为相关微纳米技术的发展奠定基础。

　　2. 液滴动力学中复杂材料的影响机制研究

　　随着科技的发展，近十几年来生物科技、智能穿戴技术的发展，使得新材料在各个领域中获得广泛应用。在柔性材料、智能结构与物质、超自然结构、多物理场调控甚至是可控核反应技术的发展中，存在着大量的液滴动力学、浸润过程问题。人们在传统材质的研究中获得的知识和经验受到挑战。相关前沿科技的发展，促使我们需要采用新方法、研制新设备、提出新理念对复杂材质条件下的液滴动力学现象开展研究。

　　3. 固壁表面液滴相变行为研究

　　在发动机发汗冷却、燃油雾化、飞机防结冰、燃料电池促排水等领域存在着气液、液固、气固相变过程。这些现象进一步耦合了力学、热学以及物理化学作用，涉及的现象和理论基础更为复杂；对于这些现象，目前研究尚不充分。如何在现有技术和理论水平上，开展卓有成效的研究，以及解决国内、国际相关的重大工程需求，对于科学和技术界仍然是巨大的挑战。

4. 基于液滴运动行为认识的新技术研发

借助分子动力学和相场方法等数值模拟方法，以及高速摄影技术、X 射线技术与 MEMS 技术等观测方法，人们能捕捉住移动接触线附近流动特征，观测到液滴撞击平板过程中的溅射液膜失稳以及纳米级气膜的演化过程，实现对固体壁面上细小水滴迁移和分裂的控制。如何将液滴动力学行为研究方面的最新理论成果与工程紧密相结合，快速研发出能提升相关工程领域科技水平的新技术，同样是目前亟需扩大研究的重要方向。

总之，液滴在日常生活中司空见惯，却蕴含着丰富而奇妙的物理机制。相关探索不仅能拓展人们对大自然的认识，而且对新能源、微流控和防结冰等科技发展非常重要。期待有更多的有志之士投入到液滴行为研究中，也希望本书能够为相关研究者提供有益的参考。

作　者

2021 年 12 月